流域环境与流域管理丛书

编 委 会

主　编：安艳玲

编　委：

统　稿：安艳玲

流域环境与流域管理丛书

贵州清水江流域生态环境保护
与可持续管理

安艳玲　著

中国环境出版社·北京

图书在版编目（CIP）数据

贵州清水江流域生态环境保护与可持续管理/安艳玲
著. —北京：中国环境出版社，2017.7
ISBN 978-7-5111-3230-7

Ⅰ. ①贵… Ⅱ. ①安… Ⅲ. ①河流—流域—生态环境
保护—研究—贵州②河流—流域—生态环境—环境管理—研
究—贵州 Ⅳ. ①X37

中国版本图书馆 CIP 数据核字（2017）第 145053 号

出 版 人	王新程
责任编辑	宾银平
责任校对	尹 芳
封面设计	宋 瑞

出版发行　中国环境出版社
　　　　　（100062　北京市东城区广渠门内大街 16 号）
　　　　　网　　　址：http://www.cesp.com.cn
　　　　　电子邮箱：bjgl@cesp.com.cn
　　　　　联系电话：010-67112765（编辑管理部）
　　　　　　　　　　010-67113412（教材图书出版中心）
　　　　　发行热线：010-67125803，010-67113405（传真）
印　　刷　北京中科印刷有限公司
经　　销　各地新华书店
版　　次　2017 年 7 月第 1 版
印　　次　2017 年 7 月第 1 次印刷
开　　本　787×960　1/16
印　　张　13.5
字　　数　240 千字
定　　价　68.00 元

总　序

　　流域是由分水线所包围的独立的自然地理单元，同时也是区域经济发展的空间载体，是产业集中、城市发达和人居条件相对优越的地区，也是水污染事故频发区域。1994 年，淮河水污染事件；2002 年，云南南盘江水污染事件；2003 年，三门峡水库泄出"一库污水"事件；2004 年，四川沱江特大水污染事件；2005 年，吉林松花江污染案；2006 年，牡丹江水枵霉污染事件；2007 年，太湖蓝藻暴发事件；2008 年，阳宗海砷污染事件；2009 年，盐城重大水污染事故；2010 年，大连新港输油管道爆炸案、紫金矿业污染案；2011 年，云南曲靖铬渣污染事件；2012 年，广西龙江镉污染；2013 年，山西苯胺泄漏事故的排污渠汇入浊漳河事件；2014 年，汉江武汉段水污染事件；2015 年，甘肃锑泄漏事件。

　　2015 年，国家正式颁布《水污染防治行动计划》（即"水十条"），这是当前和今后一个时期全国水污染防治工作的行动指南。并明确指出："水环境保护事关人民群众切身利益，事关全面建成小康社会，事关实现中华民族伟大复兴中国梦。当前，我国一些地区水环境质量差、水生态受损重、环境隐患多等问题十分突出，影响和损害群众健康，不利于经济社会持续发展。"

　　2016 年，国家发展和改革委员会印发《"十三五"重点流域水环境综合治理建设规划》，规划旨在进一步加快推进生态文明建设，落实国家"十三五"规划纲要和《水污染防治行动计划》提出的关于全面改善水环境质量的要求，充分发挥重点流域水污染防治中央预算内投资引导作用，推进"十三五"重点流域水环境综合治理重大工程建设，切实增加和改善环境基本公共服务供给，改善重点流域水环境质量、恢复水生态、保障水安全。此外，"十三五"期间，针对流域水环境的突出问题，将推行分类施策，按照重要河流、重要湖库、重大调水工程沿线、近岸海域、城市黑臭水体五大重点治理方向，实行有限目标的综合治理。

为了响应党的十八大提出的"努力走向社会主义生态文明新时代"的伟大号召，迎接流域治理与管理新时代的来临，流域环境与流域管理课题组以贵州的赤水河流域、清水江流域、三岔河流域、都柳江、南北盘江等为研究对象，历经五年的精心研究，在"十三五"开局之年推出"流域环境与流域管理丛书"（以下简称"丛书"），以期为流域治理与管理提供政策参考。

"丛书"力争出版 5 部，涉及学科很多、内容广泛，理论与实践问题研究较深，大致可以归纳为 4 个方面：一是流域水质现状评价；二是流域水化学特征及其影响因素研究；三是流域土地利用方式、景观格局对水质的影响研究；四是流域管理政策体制的实践研究。

"丛书"是流域环境与流域管理课题组从采样到实验、测试、分析的研究成果，鉴于理论水平有限，有些认识不一定准确，因而"丛书"只能说给读者和研究者提供一个平台继续深入探讨，恳请专家学者和广大读者指正，共同迎接流域治理与管理领域的繁荣与发展。

前　言

　　清水江位于贵州省东南部，是长江流域洞庭湖水系沅江上游主流河段，是贵州省第二大河。清水江流域地处云贵高原向湘桂丘陵地区过渡的斜坡地带，地势向东、东南倾斜，北发源于麻江两岔河，南发源于黔南最高峰都匀市斗篷山；流经福泉、都匀、凯里至岔河口，于岔河口纳入支流重安江，在都匀称剑江河，都匀以下称马尾河，至岔河口重安江汇入后始称清水江。清水江流域自西向东流入并横贯黔东南苗族侗族自治州，流经都匀、丹寨、麻江、凯里、福泉、黄平、施秉、台江、剑河、锦屏、黎平、天柱等黔南、黔东南 3 市 12 县，于天柱县瓮洞镇流入湖南，在托口镇与渠水汇合后称沅江，是黔南布依族苗族自治州和黔东南苗族侗族自治州的主要河流。清水江流域贵州段全长 452.2 km，天然落差 1 280 m，流域面积 17 157 km²。流域河网密度较大，主要支流有大河、羊昌河、重安江、巴拉河、乌下河、六洞河、南哨河、亮江、鉴江河、对江河。河源至重安江汇口处为上游，集水面积 2 763 km²；下至锦屏六洞河、亮江与清水江干流汇口处为中游；锦屏下至贵州—湖南省界为下游。

　　20 世纪末，清水江流域水质除流经都匀、福泉、凯里 3 市河段及巴拉河支流受氨氮和有机污染外，清水江干流及其主要支流的水质均达到《地表水环境质量标准》的Ⅱ类和Ⅲ类水标准。自 21 世纪以来，随着清水江流域上游都匀、福泉等地城镇化建设进程的加快，特别是磷矿、磷化工及化肥企业的发展，清水江流域水质受到严重影响。

　　鉴于此，从 2009 年开始，作者带领课题组成员，历经 6 年，系统研究清水江流域水质状况、水化学特征及风化过程、"源—汇"景观格局变化与水质的响应、水污染治理成本的核算及其分配模型、流域管理的对策和建议等方面，以期为清水江流域生态环境保护与可持续管理提供借鉴和理论参考。

本书共有7章：

第1章主要介绍贵州清水江流域的概况，主要包括地理区位、地质地貌、水文气象及社会经济等情况。

第2章主要介绍样品采集及分析测试方法。

第3章主要阐述清水江流域水化学特征及风化过程。对清水江流域河水主要离子浓度进行测定，分析流域主要离子组成及时空变化特征，并根据流域离子组成、水化学特征分析流域主要化学风化过程，探讨不同岩性、大气降水、人为活动等因素对河水溶质的影响及相对贡献率，估算化学风化过程中的岩石化学风化速率及其对大气 CO_2 的消耗量。

第4章主要分析清水江流域水环境质量和富营养化程度，对清水江流域选取的37个采样点的 TN、TP、NH_3-N、PO_4-P、COD、DO、氟化物7项水质指标进行测定，以组合权重为基础的综合水质标识指数法进行水质评价，结合聚类分析和因子分析对其污染源进行识别，然后根据对数幂函数指数公式和模糊综合评价法对其富营养化风险进行评价。

第5章主要研究清水江流域"源—汇"景观格局变化及其对水质的响应。以2002年、2009年及2013年3期遥感影像为基本数据，结合清水江流域1996—2010年省控断面水质监测数据及2013年丰水期、枯水期水体采样测试数据，并辅以研究区90 m DEM数据，对清水江流域景观类型变化情况、水质变化情况进行详细分析。在此基础上，以子流域为研究尺度，运用"源—汇"景观理论，探讨"源"景观、"汇"景观及"源—汇"景观空间负荷对比指数与水质的相关性，并建立"源—汇"景观结构变化对水质的响应模型。

第 6 章主要研究清水江流域水污染治理成本的核算及其分配模型。从工业污染、农业及畜禽污染、生活污染和固体废物污染 4 个方面对清水江流域各类污染源进行调查分析，在此基础上对清水江流域水环境现状进行评价；利用国内外污染治理成本模型（水资源价值模型、水质水量模型、流域污染恢复费用模型、最大支付意愿模型）对清水江流域水污染治理成本进行逐一计算，分析和讨论各个模型的优缺点和适用性，构建清水江流域水污染治理成本核算体系，并用创建的流域污染治理成本核算系统分析法对治理成本进行核算；同时就污染治理成本分配问题进行研究，创建分配模型，以期为贵州省制定流域生态补偿机制和流域环境管理体系及污染防治规划提供切实的量化依据。

第 7 章阐述当前清水江流域实施的河长制、生态补偿办法执行情况，并围绕流域可持续管理，提出部分建议。

衷心感谢贵州省科技厅的课题经费支持，才使得我们有机会对清水江流域开展系统、细致的研究，也让我们有机会用所学的专业知识为清水江流域治理与管理献计献策。衷心感谢贵州理工学院校长龙奋杰教授、副校长宋建波教授给予的鼓励和鞭策。

黔东南州环境监测站的伍名群高级工程师、贵州大学喀斯特实验室的吴起鑫副教授、在读博士研究生吕婕梅、安徽省安庆市宜秀区人大常委会办公室的黄娟、贵州省科学院的金桃、重庆市碧山区环保局段然，均为清水江流域系统研究付出了辛勤劳动，他们参与了采样、分析测试以及部分书稿的编写工作。课题组的秦玲、彭宏佳、曾杰、葛馨、秦立、柯安、杨天浩、陈银波、叶润成、黄轶婧等研究生为本书做了文字校正、图形美化、排版等大量工作。本书的撰写还引用了大量参考文献，在此一并表示感谢。

还要感谢我的先生赵忠勇及儿子赵孝祺对我的理解和支持。

最后感谢中国环境出版社的宾银平女士为本书出版所付出的辛勤劳动。

由于本书涉及范围广，限于时间仓促以及作者所从事专业和写作水平，可能理解不够全面，表述不够准确，恳请同行专家学者和广大读者批评指正。

安艳玲

2017 年 3 月 20 日于贵州理工学院

目　录

第1章
贵州清水江流域概况

1.1 自然环境状况

清水江流域位于贵州省东南部，地处东经 105°15′~109°50′，北纬 26°10′~27°15′，是长江流域洞庭湖沅水水系的上游主流河段，是贵州省第二大河，河源至重安江汇口处为上游，集水面积 2 763 km²；下至锦屏六洞河、亮江与清水江干流汇口处为中游；锦屏下至贵州—湖南省界为下游。清水江贵州段全长 452.2 km，天然落差 1 280 m，流域面积 17 157 km²。流域位置见图 1-1。

1.1.1 地理位置

清水江贵州段全长 452.2 km，天然落差 1 280 m，流域面积 17 157 km²。清水江流域地处云贵高原向湘桂丘陵地区过渡的斜坡地带，地势向东、东南倾斜，北发源于麻江两岔河，南发源于黔南最高峰都匀市斗篷山；流经福泉、都匀、凯里至岔河口，于岔河口纳入支流重安江；自西向东，流入并横贯黔东南苗族侗族自治州，在黔东南州称为清水江，是黔东南苗族侗族自治州的主要河流。清水江流经都匀、丹寨、麻江、凯里、福泉、黄平、施秉、台江、剑河、锦屏、黎平、天柱等黔南、黔东南 3 市 12 县，于天柱县瓮洞镇流入湖南，在托口镇与渠水汇合后称沅江。贵州清水江流域内山多地少，除上游都匀、福泉、凯里 3 个县级城市外，其余各县均以农业经济为主，但由于地形条件差，山多坝子少，农业生产长期处于较低水平。粮食作物以水稻、玉米为主，经济作物有油菜、花生、棉花等。清水江流域流经的行政区域见图 1-2。

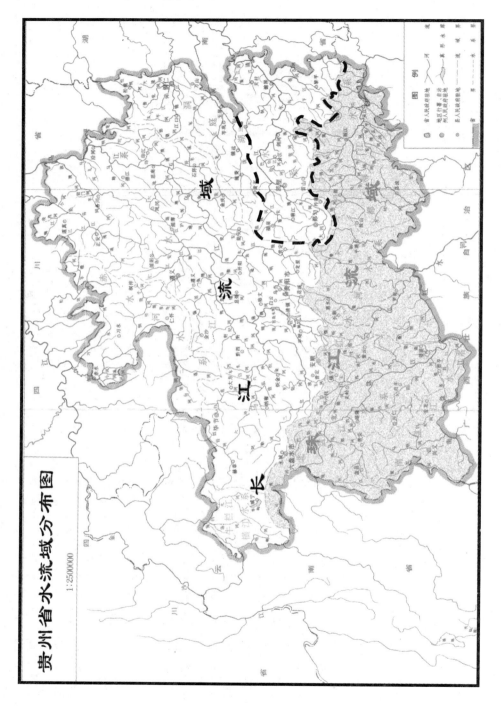

图 1-1　清水江流域位置（图片引自文献[3]）

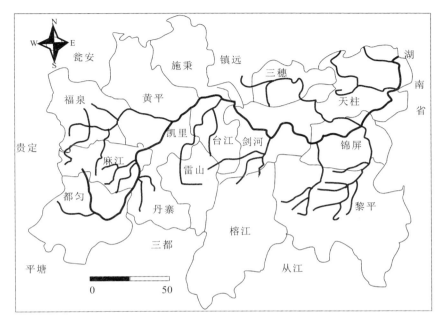

图 1-2　清水江流域流经的行政区域

1.1.2　气候特征

贵州清水江流域地属亚热带季风湿润气候区，气候温暖湿润，冬无严寒、夏无酷热，年平均气温 14～18℃，最冷月（1 月）平均气温为 5～8℃，最热月（7 月）平均气温为 24～28℃。由于地理位置和海拔标高的不同，各地气温有所差异，总体上表现为东部气温高于西部，南部气温高于北部，气温随海拔高度降低而升高。

贵州清水江流域地处贵州省的东南部，受南面海洋湿润空气的影响，流域内降水较丰富，中上游雨量偏多，多年平均降雨量为 1 050～1 500 mm，夏季多、冬季少、春季略多于秋季。流域年降水日一般在 170～190 d，降水量≥10 mm 的中雨以上降水日 35～40 d，降水量≥25 mm 的大雨以上降水日 9～15 d，降水量≥50 mm 的暴雨降水日 0.1～1.8 d。流域内年均日照时数为 1 068～1 296 h，无霜期 270～300 d，相对湿度为 78%～84%。

1.1.3 水文气象概况

贵州清水江流域属于典型的山区雨源性河流，其地表水资源量为 $96.50 \times 10^9\ m^3$，占长江流域洞庭湖水系地表水资源量的 72.35%，地下水资源量为 $24.70 \times 10^9\ m^3$。清水江河床落差大，河床落差为 425 m[3]，流域内干流、支流的水量均由降水补给，丰水期和枯水期河水流量差异大。河水的来源中，地表径流占 75%～80%，流域内地下水补给不到 20%，且地下水仍来源于降雨、渗入地下后出露于地表径流入河。

清水江流域河网密度较大，主要支流有大河（DH）、羊昌河（YCH）、重安江（CAJ）、巴拉河（BLH）、乌下河（WXH）、六洞河（LDH）、南哨河（NSH）、亮江（LJ）、鉴江（JJ）、对江河（DJH）。清水江流域水系呈树枝状，南岸支流为巴拉河、乌下河、南哨河等；北岸支流为重安江、羊昌河、鉴江、六洞河等。其中流域面积在 1 000 km² 以上的有六洞河、巴拉河、南哨河、亮江、重安江，流域水体具有灌溉、生产用水、饮用水水源、旅游等功能，流域水系详见图 1-3。

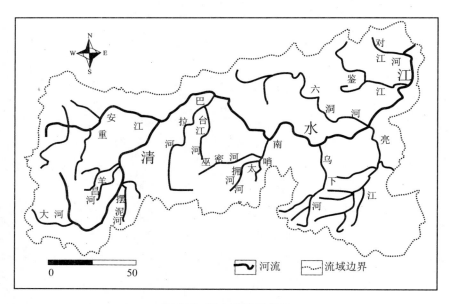

图 1-3 清水江流域水系

清水江流域夏无酷暑，冬季凝冻期短，雨量充沛，四季分明。流域多年水文资料表明清水江流域多年平均降水量为 1 050～1 500 mm，主要集中在春季和夏季的 5—7 月，约占全年降水量的 45%，其中 4 月降水量也较多，占全年降水量的 12% 左右，冬季最少，春季大于秋季。

1.1.4　地质与地貌

贵州清水江流域地跨扬子准地台与华南褶皱带两个大地一级构造单元，重安江上游所属大地构造为扬子准地台、上扬子台褶带、黔南台陷、贵定南北向构造变形区。流域内地层从元古代的四堡群、下江群、震旦系至古生代的寒武、奥陶、志留、泥盆、石炭、二叠系，到中生代的三叠、侏罗、白垩系及新生代的第三系、第四系均有出露。

流域在凯里以西和西北上游地区为岩溶地貌区和剥蚀、侵蚀地貌区，凯里、黄平以东为贵州省岩溶地貌面积最少的非岩溶区，主要为震旦系、寒武系地层，局部有石灰岩分布，大部分老地层多硅化，主要由碎屑岩组成。流域上游分布的岩石主要是白云岩、灰岩、砂页岩、碎屑岩、泥灰岩等，中下游主要是硅质岩、板岩、变余砂岩、变余凝灰岩、沉凝灰岩等。流域岩性分布如图 1-4 所示。

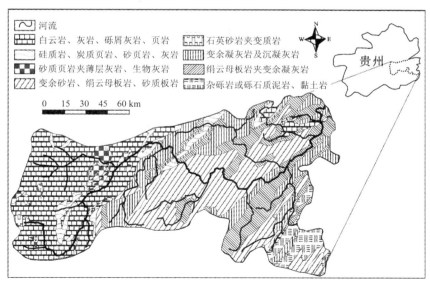

图 1-4　清水江流域岩性分布

1.1.5　土壤和植被

清水江流域土壤类型主要有黄壤、红壤、黄红壤、红色石灰土、黑色石灰土、紫色土、粗骨土、沼泽土、潮土、山地草甸土、水稻土等。流域土地利用类型主要为林地，其次为耕地和草地。

贵州清水江流域内自然资源丰富，森林资源相对其他资源的优势最大，流域范围内有贵州省 6 个林业县、1 个国家自然保护区和 5 个县级自然保护区。流域中下游地区的剑河、锦屏、天柱、黎平素有"杉乡""林海"之称。流域内的原生植被属于典型的湿润常绿阔叶林生态系统，主要的建群树种为樟科、木樨科、木兰科、山茶科、金缕梅科，除此之外，还有较多的杉、松等树种[4]。

1.1.6　矿产资源

贵州清水江流域矿产资源丰富，品种繁多、储量大，已探明矿产有磷、重晶石、汞、煤、铁、锰、工业硅、锑等 47 种，为清水江流域周边城市建材、冶炼、化肥、化工等行业的发展提供了丰富的资源支持。清水江流域上游福泉市有我国的大型磷矿和磷化工基地，中下游地区的重晶石名冠中华，保有量占全国的 60%，金矿和石灰石也极具优势。

1.1.7　污染源状况

清水江流域污染主要来源于工业、城镇生活、农业和规模化禽畜养殖等，主要污染指标是化学需氧量和氨氮，其中生活污染源排放量所占比例最大，分别为 46.32%和37.15%；其次是农业污染源，分别占 44.59%和 51.14%；工业污染源分别占 7.30%和9.72%；畜禽养殖污染源分别占 1.79%和 1.99%。流域内煤矸石年产生量为 33 万 t；居民生活垃圾年产生量为 102 万 t；流域内贵州瓮福（集团）有限责任公司、贵州川恒化工有限责任公司年产生磷石膏量约为 520 万 t。

1.1.8　流域环保基础设施建设情况

清水江流域已建成都匀市污水处理厂、麻江县污水处理厂等 12 座污水处理厂，日处理生活污水 14.1 万 t；根据《贵州省"十二五"城市生活垃圾无害化处理设施建设规划》，清水江流域在"十二五"期间须建成 16 座生活垃圾卫生填埋场，总设计处理能力 1 521 t/d；流域共涉及 26 个规模工业渣场及尾矿库。

1.1.9　环境质量状况

20 世纪末，清水江流域水质除流经都匀、福泉、凯里三市河段及巴拉河支流受氨氮和有机污染外，清水江干流及其主要支流的水质均达到《地表水环境质量标准》的 II 类和 III 类水标准。自 21 世纪以来，随着经济社会快速发展，清水江流域上游都匀、福泉等地城镇化建设进程的加快，特别是磷矿、磷化工及化肥企业的发展，清水江流域屡次发生污染事故。

清水江流域工业发展较快的城市主要集中在河流上游（都匀市、福泉市和凯里市），尤其是上游的福泉市已建成了我国大型的磷矿和磷化工基地。上游化肥和磷化工厂排放的废水含有大量的磷酸盐和氟化物，是清水江流域主要的污染源。调查研究显示，受磷石膏等磷化工固体废物堆存淋溶及磷化工企业排污的影响，清水江流域上游重安江支流水体总磷（TP）和氟化物严重超标，下游三板溪水库出现水体富营养化现象，清水江流域水环境受到严重破坏。

根据 2006—2011 年清水江流域 4 个监测断面（重安江大桥断面、兴仁桥断面、旁海断面、白市断面）的水质数据，清水江流域这几个监测断面水质基本都是 V 类、劣 V 类水，超标的主要是总磷（TP）和氟化物。其中重安江大桥监测断面 2011 年 TP 质量浓度为 7.13 mg/L，超标 39.6 倍；氟化物质量浓度为 1.73 mg/L，超标 0.73 倍。2013 年，清水江流域 4 个监测断面 TP 质量浓度的平均值为 3.18 mg/L，超过国家 V 类水标准 7.95 倍；NH_3-N 质量浓度的平均值为 0.34 mg/L，达到了《地表水环境质量标准》 II 类水标准；氟化物质量浓度的平均值为 0.66 mg/L，达到了《地表水环境质量标准》 III 类水标准（详见第 4 章）。与 2006 年相比，TP、NH_3-N、氟化物质量浓度平均值总体呈下降趋势，主要原因为流域水体自净作用及"十一五""十二五"以及"污染防治规划"期间各地州市环保局狠抓污染治理及监督企业污染排放工作。经过"十一五""十二五"期间流域治理，虽然清水江流域的水质得到了很大程度的改善，但是水体中 TP 的含量依然很高，需要进一步防治。

清水江流域水质总体状况如下：

（1）清水江流域主要受到福泉市境内沿江两岸磷矿开采、磷加工、化肥工业排放工业废水和沿线居民生活污水的污染影响，主要污染物为总磷、氟化物和氨氮。清水江上游马尾河入都匀前的茶园断面各项水质指标优于Ⅱ类水功能要求，但进入都匀市后，因为接纳了都匀市整个市区生活污水及都匀市大部分工矿企业污水，同时加上都匀市市政污水收集管网不完善、部分管道破损严重，所以剑江化肥厂下游断面氨氮的监测浓度大大增加，到都匀市出境的营盘断面氨氮仍偶有超标现象，直到进入黔东南丹寨县的兴仁桥和麻江县的下司两个断面氨氮才降到地表水Ⅲ类水质标准以下。

（2）拥有大型磷化工基地和大大小小磷及磷化工、化肥企业的福泉市，清水江一级支流重安江上游（围阻河、鱼梁江、羊昌河）穿城而过。鱼梁江黑塘桥断面以上河段（Ⅱ类水体、福泉市的饮用水水源）各水质指标均能满足Ⅱ类水质标准要求，但下游由于接纳了支流和沿岸磷化工企业废水后，鱼梁江吴家桥、鸭草坝和羊昌河断面污染物总磷质量浓度大幅度增高。2014 年翁马河总磷质量浓度高达 8.41 mg/L、氟化物平均质量浓度为 1.73 mg/L，分别超出标准值 41.05 倍和 0.73 倍，流过几十千米到下游的重安江大桥和湾水断面，总磷仍严重超标，水质为劣Ⅴ类。进入清水江干流后，旁海断面总磷浓度仍超标 4.25 倍，经革东断面到贵州出境的白市断面，虽然监测浓度大大降低，但仍不能长期稳定达标。

（3）清水江各支流由于受当地城镇生活污水的影响，氨氮污染也十分严重。凯里市洗马河和金井河、都匀市清水江、福泉市浪坝河、丹寨县摆泥河、三穗县六洞河等均不同程度受到当地城镇生活污水的影响，使得水质不能满足环境功能区划要求。由于干流梯级水库建成投运，水流速度减缓，加上库区网箱养殖数量的不断增加、沿岸城镇居民生活污水无序排放，干流水库总磷不断累积，库区水白菜、水葫芦蔓延加剧，水库富营养化趋势明显。

1.2　社会经济状况

清水江流域流经贵州省黔南州、黔东南州的 3 市 12 个县，总国土面积 24 421.1 km²，耕地面积 156 983 hm²，分布在 3 个市区和 123 个乡镇。清水江流域地区地方财政收入主要集中在中上游的都匀市、福泉市和凯里市，其他地方开发力度较弱，地方经济欠发达。除凯里、都匀、福泉 3 市外，各县的人口密度都较低，小于贵州省西部、北部和中部。流域区域内国内生产总值 903.74 亿元（2015 年），其中第一产业 135.71 亿元，占 15.02%；第二产业 288.29 亿元，占 31.90%；第三产业 479.74 亿元，占 53.08%。第一产业：第二产业：第三产业的比值为 1：2.12：3.54。详见表 1-1。

表 1-1　2015 年清水江流域区域经济基本情况

项目	第一产业	第二产业	第三产业
都匀市	14.86	60.72	96.08
福泉市	12.99	55.78	55.66
凯里市	12.83	69.09	131.98
麻江县	7.66	6.86	12.02
丹寨县	6.29	6.56	4.07
黄平县	10.03	4.73	22.67
施秉县	5.48	6.14	11.57
三穗县	7.20	9.79	18.41
雷山县	5.69	4.07	13.77
台江县	5.23	4.72	15.30
剑河县	9.84	6.12	20.10
锦屏县	7.16	11.47	16.14
黎平县	16.01	17.63	33.64
天柱县	14.44	24.61	28.33
合计	135.71	288.29	479.74

注：数据来源于黔南州、黔东南州各县市国民经济和社会发展统计公报。

1.3 对清水江流域的研究概况

目前学者对于清水江流域的研究主要集中在生态环境、生态补偿、生态经济、水化学、水质等相关方面的研究。

1.3.1 流域林业生态经济的研究

刘宗碧通过对传统的林业生态经济模式优势的探讨和清水江流域 "人工林"的资源禀赋生态经济要素、结构和运行机制的分析，提出了清水江流域"人工林"资源禀赋的生态经济发展模式建立的四项对策[15]。

1.3.2 建立生态补偿机制的研究

任敏等通过对清水江流域生态补偿原则和步骤的概述，给出了完善清水江流域生态补偿体系的建议：应该建立政府主导、市场调节型生态补偿，生态补偿的动态和配套以及建立补偿的"激励性"机制，并创建流域补偿的综合框架，加强流域生态保护立法，从而引导公众参与，发挥社会力量[16]。

1.3.3 对流域生态环境的研究

通过对流域森林资源变迁的剖析，对保护清水江流域生态环境提出了相应的对策，并指出关键是健全完善生态资源保护法律制度[17]。

1.3.4 流域水质及水化学的研究

刘以礼等对清水江流域的 7 个监测断面进行分析，得出其污染较严重，主要污染物为 TP[18]。吴瑶洁等对清水江流域福泉市段的 10 个监测断面进行分析，得出 TP 含量严重超标[19]。

参考文献

[1]　周凯慧. 城市饮用水源地水质分析与现状评价研究——以泰安市黄前水库为例[D]. 泰安：山东农业大学，2005.

[2]　伍名群. 清水江流域氟化物季节性变化特征及防治对策[J]. 环保科技，2013，19（3）：43-46.

[3]　赖炯萍. 清水江流域水污染综合整治经济效益分析[D]. 贵阳：贵州师范大学，2008.

[4]　马国君，罗康智. 清水江流域林区时空分布及树种结构变迁研究[J]. 原生态民族文化学刊，2013，5（3）：3-13.

[5]　段然，曾理，吴泛翰，等. 清水江流域水质污染现状评价及趋势分析[J]. 环保科技，2012，18（3）：23-27.

[6]　贵州省环境质量状况公报[R]. 贵阳：贵州省环境保护厅，2011.

[7]　贵州省环境质量状况公报[R]. 贵阳：贵州省环境保护厅，2012.

[8]　贵州省环境质量状况公报[R]. 贵阳：贵州省环境保护厅，2013.

[9]　贵州省环境质量状况公报[R]. 贵阳：贵州省环境保护厅，2014.

[10]　贵州省环境质量状况公报[R]. 贵阳：贵州省环境保护厅，2015.

[11]　黔南州国民经济和社会发展统计公报[R]. 都匀：黔南州人民政府，2015.

[12]　黔东南州国民经济和社会发展统计公报[R]. 都匀：黔东南州人民政府，2015.

[13]　贵州省清水江流域水环境保护规划（2015—2020）. 贵州省环境保护厅，2015

[14]　刘园. 清水江流域总磷、氟化物污染现状分析[J]. 贵州化工，2010，35（5）：33-35.

[15]　刘宗碧. 清水江流域"人工林"的资源禀赋和生态经济发展模式初探[J]. 贵州师范大学学报：社会科学版，2015（5）：69-75.

[16]　任敏，马彦涛. 清水江流域生态补偿实践的政策创新及完善[J]. 资源节约与环保，2015（9）：173.

[17]　周秉正，王会香，申鹏. 清水江流域的生态环境变迁与可持续发展[J]. 重庆环境科学，2010，22（6）：14-16.

[18]　刘以礼，杨贤，冯匀强，等. 贵州清水江水质状况及主要污染物[J]. 北方环境，2013，29（2）：111-115.

[19]　吴瑶洁，于霞，陈梦瑜. 清水江流域福泉市段水体主要污染指标评价研究[J]. 中国环境管理干部学院学报，2015，2：56-60.

第 2 章
样品采集与分析

2.1 样品的采集

为保证采集水样具有代表性，在考虑清水江流域水系的环境单元划分及各单元的流域面积、径流量、长度及有关自然地理要素等的基础上，同时结合清水江流域河水所经过的都匀等 3 市 12 县各区域的经济、主要产业、人口、城市、交通、资源等因素的影响，合理分配和布设采样点，在可能的条件范围内进行最佳的样品采集点设置，从而使采集的样品能综合反映研究区的水质信息。

样品采集工作分别于 2013 年 8 月（丰水期）及 2014 年 1 月（枯水期）进行，采样过程中遵循水流的运动规律以及环境水文特征，严格按照河水水样采集标准进行，确保采集水样的有效性。样品瓶采用超纯水洗净的聚乙烯塑料瓶，采样时用河水反复润洗样品瓶 3 次后，取水面下约 10 cm 处的河水样品。

采集的干流样品共包括：上游地区 26 个样品，其中福泉至凯里地区（重安江段）丰水期及枯水期各 6 个样品，共 12 个样品；都匀至凯里地区丰水期及枯水期样品各 7 个，共 14 个样品。中游地区凯里至锦屏地区丰水期及枯水期样品各 23 个，共 46 个样品。下游地区锦屏至贵州—湖南省界地区丰水期及枯水期样品各 8 个，共 16 个样品。

采集的支流样品包括大河（DH）样品两个，羊昌河（YCH）样品两个，卡农河（KLH）样品两个，重安江（CAJ）样品 4 个，巴拉河（BLH）样品 8 个，南哨河（NSH）样品 4 个，乌下河样品（WXH）两个，六洞河（LDH）样品 8 个，亮江（LJ）样品 6 个，鉴江（JJ）样品 4 个，对江河（DJH）样品两个。采样点分布如图 2-1 所示。

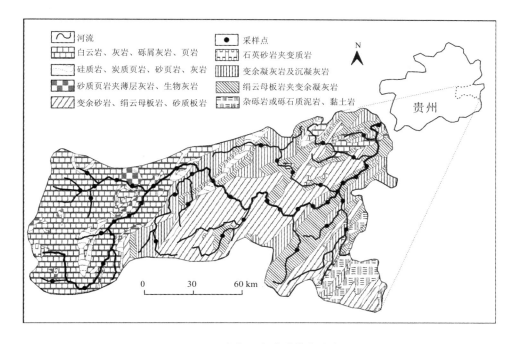

图 2-1　清水江流域采样点分布

2.2　样品的分析测试

2.2.1　水化学指标测试分析

采集的河水样品当天过滤（0.45 μm Millipore 滤膜），过滤后的样品装入经超纯水（Millipore，Milli–Q Academic）清洗并用过滤的样品多次润洗的聚乙烯瓶中；水体 pH、电导率（EC）、水温（T）、溶解氧（DO）采用 WTW 便携式多参数测试仪现场测定，HCO_3^- 用 0.025 mol/L HCl 现场滴定，误差 5%以内。用于阳离子（Na^+、K^+、Ca^{2+}、Mg^{2+}）分析的水样加入超纯盐酸酸化至 pH<2，避光密封保存，用于阴离子（F^-、Cl^-、NO_3^-、SO_4^{2-}）分析的样品直接密封避光保存。Na^+、K^+、Ca^{2+}、Mg^{2+}、Cl^-、NO_3^-、F^-、SO_4^{2-}用离子色谱仪（DIONEX，ICS–1100，IonPac AG–19 阴离子柱，IonPac CS–12A 阳离子

柱）分析测定，测试精度好于±5%，SiO_2 采用钼酸黄光度法，于 410 nm 波长处用分光光度计测定。

2.2.2　水质指标测试分析

采集的水样运回实验室之后立即对水样中的总氮（TN）、氨氮（NH_3-N）、总磷（TP）、可溶性正磷酸盐（PO_4^{3-}-P）、化学需氧量（COD_{Cr}）指标进行测定，实验分析方法见表 2-1。

表 2-1　分析方法

分析指标	测试方法
总氮（TN）	硫酸钾氧化—紫外分光光度法
氨氮（NH_3-N）	纳氏试剂分光光度法
总磷（TP）	过硫酸钾消解—钼锑抗分光光度法
可溶性正磷酸盐（PO_4^{3-}-P）	钼锑抗分光光度法
化学需氧量（COD_{Cr}）	重铬酸盐法

第 3 章
清水江流域水化学特征及风化过程研究

3.1 清水江流域水化学特征分析

　　河流的水化学特征包括河流水的主要离子浓度、酸碱性硬度、矿化度等化学特征。流域的水化学特征可以用来表征地表水化学特征、性状和功能,对河水的化学特征研究,有利于把握研究对象的基本背景情况,从而为进一步分析水体中物质元素的性质、来源,判别地质因素、人为活动、大气降水等对流域水化学的影响等提供基本信息。

3.1.1 河水水化学特征

　　河水水体的化学特征是水环境性状与功能的表征,其中河水的水温、溶解氧(DO)、pH 和电导率(EC)、主要离子浓度及其组成等是水体的基础物理化学参数,反映河水水体的基本水化学性质和特征。清水江流域水化学参数及主量元素统计分析结果如表 3-1 和表 3-2 所示。

　　河水温度直接影响着河水中物理化学反应和微生物活动过程,清水江流域水体的平均水温为 18.85℃,其中,丰水期河水温度均值为 11.80℃,枯水期河水温度均值为 25.90℃。pH 是影响元素迁移和沉淀的重要水环境因素之一,它决定了水体中化学元素的迁移转化[1]。清水江流域河水 pH 介于 5.96～9.90 之间,平均值为 7.94,其中,丰水期 pH 介于 6.00～9.90 之间,平均值为 8.00;枯水期 pH 介于 7.07～9.07 之间,平均值为 7.88。河水 pH 呈中性偏弱碱性,部分点位偏弱酸性。

表 3-1　清水江流域丰水期主要离子浓度质量浓度

	样品编号	pH	DO质量浓度/(mg/L)	T/℃	Na⁺	K⁺	Mg²⁺	Ca²⁺	Cl⁻	NO₃⁻	SO₄²⁻	HCO₃⁻	F⁻	NH₄⁺	SiO₂/(mg/L)	TDS
					离子浓度/(mmol/L)									质量浓度		
1	DX-1	8.32	7.65	24.1	0.04	0.03	0.38	0.73	0.05	0.01	0.25	1.81	0.17	0.25	3.86	181.21
2	QSJ-2	5.96	7.65	24.6	0.19	0.06	0.66	1.39	0.15	0.03	0.71	2.99	0.11	0.26	5.46	342.10
3	QSJ-3	8.22	7.95	25.1	0.15	0.04	0.78	1.02	0.12	0.04	0.45	2.86	0.11	0.24	2.66	292.50
4	YCH-4	8.09	7.06	24.3	0.05	0.03	1.12	0.99	0.06	0.04	0.10	4.61	0.29	0.27	6.26	371.01
5	QSJ-5	7.92	5.65	25.2	0.09	0.04	0.80	1.01	0.08	0.01	0.16	3.57	0.08	0.26	6.66	306.24
6	QSJ-6	8.13	6.28	26.1	0.12	0.04	0.95	1.06	0.12	0.03	0.34	3.50	0.09	0.26	4.06	326.22
7	QSJ-7	8.01	5.35	25.8	0.19	0.05	0.97	1.08	0.16	0.03	0.33	3.69	0.08	0.28	4.86	341.92
8	QSJ-8	8.05	7.02	23.8	0.34	0.07	0.99	1.55	0.18	0.11	0.95	3.64	1.02	3.26	8.86	432.88
9	QSJ-9	8.32	7.83	25.4	0.18	0.06	0.67	1.52	0.15	0.02	0.69	3.32	0.24	0.26	7.06	365.95
10	QSJ-10	7.61	6.55	24.4	0.35	0.07	1.08	1.51	0.16	0.12	0.92	3.27	1.57	2.01	8.26	408.09
11	QSJ-11	8.23	7.60	23.3	0.18	0.09	0.75	1.62	0.13	0.05	0.71	3.45	1.24	0.28	7.46	385.61
12	QSJ-12	8.21	6.90	25.0	0.26	0.04	0.98	1.36	0.10	0.07	0.64	3.27	0.87	0.41	7.06	361.93
13	QSJ-13	8.24	7.80	25.7	0.28	0.05	1.01	1.57	0.10	0.05	1.05	2.99	0.61	0.26	7.46	393.85
14	QSJ-14	8.01	4.98	24.9	0.22	0.05	1.01	1.34	0.14	0.04	0.75	3.34	0.41	0.31	6.06	374.64
15	QSJ-15	8.37	8.47	26.0	0.19	0.05	0.98	1.27	0.13	0.03	0.85	3.23	0.35	0.26	5.46	371.49
16	BLH-16	8.84	9.28	26.1	0.20	0.03	0.08	0.19	0.06	0.01	0.08	0.54	0.04	0.24	9.46	68.463
17	BLH-17	7.98	6.22	24.1	0.18	0.03	0.39	0.53	0.08	0.01	0.12	1.99	0.05	0.25	10.46	182.41
18	BLH-18	7.75	6.91	25.2	0.17	0.03	0.09	0.23	0.05	0.01	0.09	0.62	0.37	0.27	12.26	77.65
19	BLH-19	7.71	5.56	26.0	0.21	0.04	0.22	0.36	0.08	0.00	0.10	1.18	0.05	0.24	8.26	119.10
20	QSJ-20	8.06	6.68	27.0	0.24	0.06	0.90	1.26	0.16	0.05	0.74	2.98	0.65	0.42	6.46	348.14
21	QSJ-21	9.90	12.30	30.0	0.18	0.05	0.88	1.15	0.13	0.01	0.61	3.21	0.31	0.69	4.46	338.03
22	NSH-22	7.85	7.08	27.6	0.15	0.02	0.04	0.09	0.03	0.00	0.04	0.37	0.04	0.26	7.46	44.30

样品编号		pH	DO质量浓度/(mg/L)	T/°C	离子浓度/(mmol/L)								质量浓度/(mg/L)			TDS
					Na+	K+	Mg2+	Ca2+	Cl-	NO3-	SO4^2-	HCO3-	F-	NH4+	SiO2	
23	NSH-23	8.07	7.05	28.4	0.14	0.02	0.16	0.26	0.04	0.00	0.13	0.75	0.07	0.29	5.46	84.01
24	QSJ-24	9.41	11.34	30.6	0.16	0.04	0.73	1.03	0.11	0.01	0.54	2.68	0.24	0.39	3.46	287.22
25	QSJ-25	9.26	5.13	28.8	0.14	0.03	0.50	0.76	0.09	0.01	0.45	1.88	0.19	0.32	2.66	211.14
26	WXH-26	7.51	4.75	28.4	0.12	0.02	0.20	0.34	0.05	0.00	0.20	0.82	0.10	0.24	12.66	105.42
27	QSJ-27	7.55	6.33	25.1	0.16	0.03	0.10	0.17	0.07	0.01	0.07	0.64	0.08	0.30	1.86	65.26
28	QSJ-28	9.14	12.00	24.7	0.13	0.03	0.24	0.48	0.06	0.02	0.23	1.18	0.14	0.50	7.26	134.60
29	QSJ-29	7.43	5.38	21.7	0.12	0.03	0.29	0.59	0.06	0.02	0.28	1.27	0.16	0.24	8.06	150.26
30	LDH-30	7.28	6.10	24.6	0.31	0.07	0.15	0.48	0.14	0.01	0.21	1.15	0.06	0.24	12.86	141.77
31	LDH-31	7.60	7.75	26.1	0.21	0.05	0.11	0.45	0.09	0.00	0.12	1.07	0.08	0.26	13.66	98.78
32	LDH-32	8.30	7.60	26.9	0.24	0.05	0.08	0.32	0.1	0.01	0.13	0.77	0.07	0.27	11.46	118.95
33	LDH-33	7.43	5.38	21.7	0.21	0.04	0.08	0.23	0.06	0.00	0.10	0.72	0.08	0.34	5.86	78.44
34	QSJ-34	7.64	6.75	28.3	0.17	0.03	0.09	0.49	0.10	0.00	0.06	1.15	0.07	0.30	11.66	118.08
35	LJ-35	7.58	5.50	29.6	0.14	0.02	0.08	0.58	0.10	0.00	0.06	1.36	0.06	0.27	9.26	130.78
36	LJ-36	8.33	8.23	26.6	0.22	0.04	0.09	0.18	0.13	0.00	0.05	0.64	0.10	0.31	12.46	77.34
37	LJ-37	7.31	4.06	28.6	0.15	0.02	0.08	0.61	0.10	0.00	0.06	1.45	0.07	0.28	10.06	138.88
38	QSJ-38	7.70	6.50	24.9	0.16	0.03	0.17	0.43	0.07	0.00	0.16	1.07	0.11	0.27	6.86	116.96
39	QSJ-39	9.31	10.27	28.0	0.15	0.03	0.20	0.46	0.07	0.00	0.24	1.06	0.14	0.41	3.06	121.48
40	QSJ-40	7.28	5.72	23.3	0.12	0.03	0.26	0.52	0.08	0.02	0.34	1.15	0.18	0.29	7.46	145.12
41	JJ-41	7.38	5.55	26.0	0.22	0.07	0.18	0.86	0.14	0.03	0.36	1.54	0.15	0.26	11.06	192.93
42	JJ-42	7.19	3.30	25.6	0.21	0.06	0.18	0.86	0.13	0.01	0.33	1.65	0.13	0.29	10.66	194.93
43	DJH-43	7.78	7.20	27.1	0.27	0.04	0.11	0.44	0.13	0.00	0.10	1.13	0.11	0.26	14.46	125.77
44	QSJ-44	7.80	7.80	24.2	0.13	0.03	0.26	0.56	0.07	0.02	0.27	1.19	0.15	0.27	7.46	142.15

表 3-2 清水江流域枯水期主要离子浓度/质量浓度

序号	样品编号	pH	DO质量浓度/(mg/L)	T/°C	EC/(μS/cm)	离子浓度/(mmol/L)									质量浓度/(mg/L)		
						Na+	K+	Mg2+	Ca2+	Cl-	NO3-	SO4²-	HCO3-	F-	NH4+	SiO2	TDS
1	DX-1	8.17	11.10	8.5	255.00	0.04	0.02	0.40	0.90	0.05	0.04	0.35	1.54	0.15	0.07	3.72	186.66
2	QSJ-2	7.71	7.30	8.8	750.00	0.17	0.05	0.69	1.34	0.13	0.18	0.49	2.41	0.09	0.18	1.72	292.28
3	QSJ-3	8.60	12.84	8.5	397.00	0.19	0.05	0.67	1.53	0.12	0.44	0.63	2.40	0.14	1.58	3.72	331.22
4	YCH-4	8.18	10.33	9.4	462.00	0.05	0.02	1.19	1.28	0.06	0.05	0.11	4.09	0.03	0.15	3.72	359.31
5	QSJ-5	8.29	11.60	8.1	350.00	0.09	0.03	0.83	1.07	0.06	0.02	0.16	2.86	0.08	0.07	2.52	267.62
6	QSJ-6	8.47	11.11	11.1	404.00	0.16	0.04	0.89	1.22	0.13	0.15	0.34	2.99	0.08	0.39	1.72	312.45
7	QSJ-7	8.19	8.81	10.8	423.00	0.20	0.05	0.92	1.24	0.16	0.12	0.35	2.96	0.09	0.59	2.52	315.01
8	QSJ-8	7.65	8.92	12.8	1 186.00	1.08	0.08	1.32	1.74	0.22	2.23	2.43	2.93	3.30	32.91	14.32	740.90
9	QSJ-9	8.56	12.03	11.0	431.00	0.16	0.05	0.72	1.54	0.12	0.09	0.69	2.98	0.12	0.23	3.12	352.10
10	QSJ-10	7.90	10.21	10.8	674.00	0.72	0.07	1.21	1.73	0.21	1.02	1.30	2.82	0.50	8.78	10.92	510.56
11	QSJ-11	8.70	12.10	10.8	490.00	0.21	0.05	0.86	1.75	0.13	0.15	0.50	3.54	0.48	0.23	2.12	385.34
12	QSJ-12	7.92	8.64	10.7	545.00	0.47	0.05	1.01	1.64	0.13	0.46	0.92	2.71	1.01	1.50	6.92	402.75
13	QSJ-13	7.83	9.50	10.3	572.00	0.46	0.05	1.04	1.74	0.13	0.46	1.21	2.44	1.11	1.35	7.12	419.19
14	QSJ-14	7.97	9.08	10.5	493.00	0.32	0.05	0.98	1.49	0.15	0.30	0.77	2.75	0.50	0.59	3.12	368.05
15	QSJ-15	8.05	9.22	10.4	490.00	0.30	0.06	0.98	1.48	0.15	0.21	0.71	2.84	0.40	0.31	2.72	360.69
16	BLH-16	8.10	10.64	8.1	124.70	0.19	0.02	0.19	0.30	0.08	0.09	0.10	0.73	0.04	0.10	7.52	93.25
17	BLH-17	8.58	11.70	10.2	178.00	0.19	0.02	0.37	0.48	0.06	0.02	0.10	1.24	0.04	0.05	6.52	131.12
18	BLH-18	9.07	10.59	9.6	83.00	0.15	0.02	0.06	0.15	0.03	0.01	0.07	0.34	0.03	0.07	11.32	52.47
19	BLH-19	7.76	10.25	9.0	118.00	0.24	0.04	0.13	0.31	0.07	0.06	0.14	0.59	0.05	0.13	8.92	89.14
20	QSJ-20	8.3	9.63	10.6	480.00	0.34	0.05	0.92	1.43	0.16	0.30	0.76	2.57	0.66	0.39	2.72	351.03
21	QSJ-21	7.70	7.06	15.5	307.00	0.18	0.04	0.51	0.84	0.10	0.05	0.44	1.47	0.28	0.05	3.72	197.56
22	NSH-22	7.32	10.85	8.7	37.70	0.13	0.01	0.03	0.07	0.02	0.02	0.05	0.18	0.02	0.00	9.92	35.29

序号	样品编号	pH	DO质量浓度/(mg/L)	T/°C	EC/(μS/cm)	离子浓度/(mmol/L)								质量浓度/(mg/L)			
						Na$^+$	K$^+$	Mg^{2+}	Ca^{2+}	Cl$^-$	NO$_3^-$	SO$_4^{2-}$	HCO$_3^-$	F$^-$	NH$_4^+$	SiO$_2$	TDS
23	NSH-23	7.58	7.82	14.4	262.00	0.17	0.04	0.48	0.78	0.08	0.04	0.37	1.43	0.24	0.10	4.12	183.60
24	QSJ-24	7.71	7.33	16	271.00	0.17	0.04	0.49	0.80	0.09	0.10	0.42	1.45	0.28	0.05	4.52	194.48
25	QSJ-25	7.74	7.23	15.9	267.00	0.16	0.04	0.48	0.79	0.09	0.06	0.38	1.44	0.36	0.02	4.32	186.74
26	WXH-26	7.07	5.62	15.6	138.20	0.13	0.02	0.22	0.37	0.06	0.01	0.20	0.69	0.11	0.15	5.92	95.01
27	QSJ-27	7.66	7.08	15.2	270.00	0.16	0.04	0.47	0.80	0.09	0.10	0.38	1.52	0.33	0.13	4.52	194.64
28	QSJ-28	7.67	7.24	15.4	267.00	0.16	0.04	0.47	0.81	0.09	0.07	0.38	1.49	0.33	0.13	4.32	190.86
29	QSJ-29	7.63	6.88	15.4	271.00	0.16	0.04	0.48	0.81	0.09	0.08	0.38	1.44	0.33	0.13	4.32	189.49
30	LDH-30	7.52	10.71	8.7	154.70	0.28	0.04	0.13	0.48	0.10	0.00	0.26	0.68	0.07	0.07	7.32	109.79
31	LDH-31	7.87	10.90	8.6	196.30	0.31	0.07	0.19	0.57	0.15	0.07	0.30	0.84	0.08	0.10	4.92	133.66
32	LDH-32	7.18	10.33	9.0	75.40	0.19	0.03	0.06	0.18	0.05	0.02	0.10	0.32	0.05	0.02	10.12	56.81
33	LDH-33	7.78	11.28	8.7	103.30	0.21	0.03	0.09	0.28	0.06	0.05	0.16	0.45	0.07	0.05	7.32	75.24
34	QSJ-34	7.6	7.30	15.2	268.00	0.17	0.04	0.48	0.82	0.09	0.07	0.38	1.49	0.33	0.02	3.12	190.69
35	LJ-35	7.65	10.43	8.9	123.00	0.15	0.03	0.08	0.43	0.08	0.06	0.11	0.74	0.05	0.10	8.12	94.92
36	LJ-36	7.74	11.56	8.0	80.00	0.21	0.03	0.09	0.19	0.07	0.00	0.06	0.49	0.05	0.07	9.72	64.45
37	LJ-37	7.59	10.44	8.9	122.10	0.16	0.03	0.08	0.43	0.09	0.04	0.11	0.69	0.05	0.07	4.52	88.58
38	QSJ-38	7.644	7.57	14.8	265.00	0.17	0.04	0.47	0.79	0.10	0.07	0.45	1.42	0.38	0.02	3.92	192.90
39	QSJ-39	7.65	8.20	14.0	248.00	0.17	0.04	0.43	0.75	0.08	0.03	0.35	1.35	0.31	0.07	4.52	173.61
40	QSJ-40	7.71	9.42	12.8	216.00	0.17	0.04	0.33	0.65	0.09	0.05	0.32	1.14	0.24	0.02	5.72	153.25
41	JJ-41	7.45	7.96	10.5	234.00	0.19	0.05	0.18	0.88	0.10	0.06	0.29	1.32	0.10	0.26	8.72	172.51
42	JJ-42	7.61	9.12	9.8	243.00	0.22	0.05	0.20	0.87	0.12	0.05	0.37	1.22	0.11	0.36	7.52	173.82
43	DJH-43	7.98	11.16	9.6	131.10	0.24	0.03	0.10	0.41	0.09	0.01	0.11	0.78	0.09	0.00	8.12	97.39
44	QSJ-44	7.72	9.81	12.2	217.00	0.17	0.04	0.33	0.66	0.08	0.04	0.31	1.16	0.22	0.07	4.92	153.20

流域水体的电导率（EC）反映了水体的离子含量，清水江流域河水枯水期水体电导率介于 37.70～1 186.00 μS/cm 之间，平均值为 310.76 μS/cm。溶解氧（DO）的质量浓度反映了水体的自净能力，其变化范围介于 3.30～12.84 mg/L 之间，平均值为 8.27 mg/L，其中，丰水期变化范围为 3.30～12.30 mg/L，平均值为 7.01 mg/L；枯水期变化范围为 5.62～12.84 mg/L，平均值为 9.52 mg/L，枯水期溶解氧的质量浓度高于丰水期。

流域水体总溶解固体（TDS）质量浓度变化较大，介于 35.29～740.90 mg/L 之间，样品差异性较大，大于一个数量级，平均值为 217.50 mg/L，其中，丰水期 TDS 介于 44.30～432.88 mg/L 之间，平均值为 213.96 mg/L；枯水期 TDS 介于 35.29～740.90 mg/L 之间，平均值为 220.90 mg/L。整个流域总体趋势表现为上游流域 TDS 值较高，中下游流域相对较低，其主要原因是流域上游地区为碳酸盐岩地区，而中下游地区为碎屑岩地区。TDS 枯水期高于丰水期，这主要是丰水期的降雨多于枯水期，降雨带来的雨水中离子含量较低从而稀释了河水中离子浓度，导致丰水期时流域河水 TDS 低于枯水期。

3.1.2　河水主要离子组成特征

清水江流域河水中主要阳离子浓度依次为 $Ca^{2+}>Mg^{2+}>Na^{+}>K^{+}>NH_4^{+}$，主要阴离子浓度变化趋势为 $HCO_3^{-}>SO_4^{2-}>Cl^{-}>NO_3^{-}>F^{-}$。清水江流域河水主要阳离子 Ca^{2+} 和 Mg^{2+} 分别占阳离子总量的 57.47% 和 29.39%，主要阴离子 HCO_3^{-} 和 SO_4^{2-} 分别占阴离子总量的 66.38% 和 25.36%。河水的阳离子总浓度（$TZ^{+}=Ca^{2+}+Mg^{2+}+Na^{+}+K^{+}+NH_4^{+}$）介于 0.34～9.10 meq/L 之间，平均值为 2.91 meq/L，高于长江流域水体均值（2.8 meq/L），也高于世界河流平均值（0.725 meq/L[2]）；阴离子总浓度（$TZ^{-}=HCO_3^{-}+SO_4^{2-}+NO_3^{-}+Cl^{-}+F^{-}$）介于 0.33～10.62 meq/L 之间，平均值为 2.81 meq/L。阳离子总浓度（$TZ^{+}=Ca^{2+}+Mg^{2+}+Na^{+}+K^{+}+NH_4^{+}$）与阴离子总浓度（$TZ^{-}=HCO_3^{-}+SO_4^{2-}+NO_3^{-}+Cl^{-}+F^{-}$）平衡较好（$r^2=0.99$）。天然水体中无机正负电荷的平衡程度常被用来判断数据的可信度[3]，清水江流域水体无机电荷平衡 NICB［$NICB=(TZ^{+}-TZ^{-})/TZ^{+}$］均值为 3.26%，水体阴阳离子电荷基本平衡。

Piper 图是一种对水样进行分类的图示方法，由一个菱形和两个三角形组成，三角形图分别表示河水中阴、阳离子相对含量，菱形图将两个三角形联系起来，综合表示河水样品中各离子相对含量。菱形图不能区分 SO_4^{2-} 和 Cl^{-}，而三角形图把阴阳离子分开在两个不同的图中，不便于进行水化学分类，而 Piper 图解决了两个图的缺点，融合了两个图的优点，对流域河水的水化学进行分类。

清水江流域丰水期和枯水期水化学类型如图 3-1 所示，流域水化学类型分布具有一定的季节性差异，丰水期流域水化学类型主要为 Ca-HCO$_3^-$ 型水；枯水期，上游地区人为活动比较丰富的地区水化学类型由 Ca-HCO$_3^-$ 型水转变为 Ca-SO$_4^{2-}$ 型水。

3.1.2.1　清水江流域干流离子组成特征

清水江流域干流主要离子组成如表 3-3 所示，河水温度均值为 19.11℃，pH 介于 5.96～9.90 之间，平均值为 8.01，中性偏弱碱性，部分地方偏弱酸性，其中，丰水期 pH 介于 5.96～9.90 之间，枯水期 pH 介于 7.60～8.60 之间，丰水期 pH 波动范围较大，枯水期 pH 波动范围较小。河水溶解氧（DO）的质量浓度变化范围介于 4.98～12.84 mg/L 之间，平均值为 8.10 mg/L，其中，丰水期变化范围为 4.98～12.30 mg/L，平均值为 8.14 mg/L，枯水期变化范围为 6.88～12.84 mg/L，平均值为 8.78 mg/L，在流域丰水期，溶解氧（DO）的变化幅度较大，且略低于枯水期。

干流水体 TDS 质量浓度变化较大，介于 65.49～740.90 mg/L 之间，流域不同时期样品差异性较大，平均值为 278.78 mg/L，其中，丰水期 TDS 质量浓度介于 65.49～435.12 mg/L 之间，平均值为 266.73 mg/L；枯水期 TDS 质量浓度介于 153.20～740.90 mg/L 之间，平均值为 290.83 mg/L，整个干流流域 TDS 值总体趋势表现为上游流域较高，中下游流域相对较低，枯水期略高于丰水期。

干流主要离子组成与整个流域离子组成相似，主要阳离子浓度变化趋势为 Ca^{2+}＞Mg^{2+}＞Na$^+$＞K$^+$＞NH$_4^+$，Ca^{2+} 和 Mg^{2+} 为优势阳离子，分别占阳离子总量的 56.85% 和 33.10%；主要阴离子浓度依次为 HCO$_3^-$＞SO$_4^{2-}$＞Cl$^-$＞NO$_3^-$＞F$^-$，HCO$_3^-$ 和 SO$_4^{2-}$ 为优势阴离子，分别占阴离子总量的 64.68% 和 27.56%。

流域干流河水中 Ca^{2+} 和 Mg^{2+} 全年平均浓度分别为 1.05 mmol/L 和 0.68 mmol/L，丰水期 Ca^{2+} 和 Mg^{2+} 平均浓度分别为 0.96 mmol/L 和 0.65 mmol/L，枯水期 Ca^{2+} 和 Mg^{2+} 平均浓度分别为 1.14 mmol/L 和 0.71 mmol/L。流域河水中 Na$^+$、K$^+$、NH$_4^+$ 的浓度较低，全年平均值分别为 0.23 mmol/L、0.04 mmol/L、0.07 mmol/L。丰水期 Na$^+$、K$^+$、NH$_4^+$ 浓度平均值分别为 0.28 mmol/L、0.05 mmol/L、0.12 mmol/L。枯水期 Na$^+$、K$^+$、NH$_4^+$ 浓度平均值分别为 0.18 mmol/L、0.04 mmol/L、0.03 mmol/L。干流阳离子整体表现为枯水期离子浓度高于丰水期。NH$_4^+$ 的浓度在丰水期和枯水期两个时期变化较大，丰水期

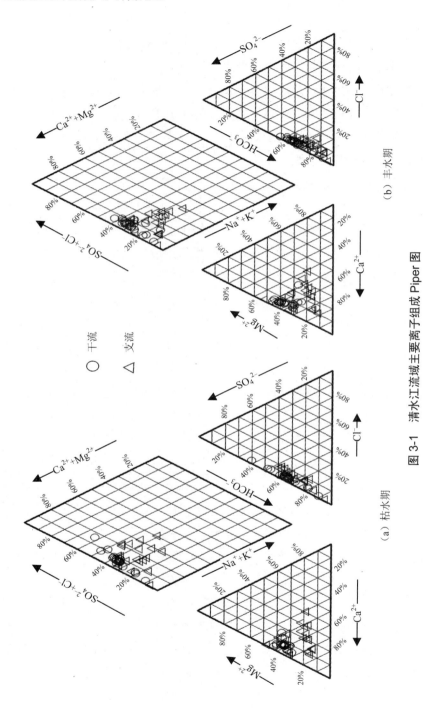

（a）枯水期 （b）丰水期

图 3-1　清水江流域主要离子组成 Piper 图

表 3-3　清水江流域干流主要离子组成

项目		pH	DO质量浓度/(mg/L)	T/°C	EC/(μS/cm)	Na⁺	K⁺	Mg²⁺	Ca²⁺	Cl⁻	NO₃⁻	SO₄²⁻	HCO₃⁻	F⁻	NH₄⁺	SiO₂	TDS
						离子浓度/(mmol/L)								质量浓度/(mg/L)			
丰水期	变化范围	5.96~9.90	4.98~12.30	21.70~30.60	—	0.09~0.35	0.03~0.07	0.09~1.08	0.17~1.57	0.06~0.18	0.00~0.12	0.06~1.05	0.64~3.69	0.07~1.57	0.01~0.18	1.86~11.66	65.49~435.12
	上游	7.82	6.69	25.08	—	0.22	0.05	0.91	1.28	0.13	0.05	0.62	3.31	0.50	0.80	6.15	356.49
	中游	8.57	8.07	26.53	—	0.17	0.04	0.63	0.89	0.11	0.02	0.50	2.27	0.28	0.38	5.08	253.52
	下游	7.95	7.41	25.74	—	0.15	0.03	0.19	0.49	0.08	0.01	0.21	1.12	0.13	0.31	7.30	128.94
	均值	8.14	7.43	25.79	—	0.18	0.04	0.65	0.96	0.11	0.03	0.48	2.43	0.33	0.03	5.98	266.73
枯水期	变化范围	7.60~8.60	6.88~12.84	8.10~16.00	216.00~1 186.00	0.09~1.08	0.03~0.08	0.33~1.32	0.65~1.74	0.06~0.22	0.02~0.23	0.16~2.43	1.14~2.99	0.01~0.37	0.02~32.91	1.72~14.32	153.20~740.90
	上游	8.06	9.88	9.88	589.00	0.39	0.05	0.95	1.47	0.14	0.55	0.87	2.27	0.71	5.26	5.72	399.11
	中游	7.83	7.86	13.88	346.22	0.22	0.04	0.64	1.03	0.11	0.14	0.51	1.88	0.38	0.20	3.81	248.17
	下游	7.66	8.46	13.80	242.80	0.17	0.04	0.41	0.74	0.09	0.05	0.36	1.31	0.30	0.04	4.44	172.73
	均值	7.88	8.78	12.43	418.74	0.28	0.05	0.71	1.14	0.12	0.29	0.62	2.09	0.05	2.15	4.69	290.83

K^+ 浓度大于 NH_4^+，而枯水期表现为 K^+ 浓度小于 NH_4^+ 浓度。

河水中 HCO_3^- 的浓度介于 0.64～3.69 mmol/L 之间，平均值为 2.26 mmol/L；SO_4^{2-} 浓度介于 0.06～2.43 mmol/L 之间，平均值为 0.55 mmol/L，其中，丰水期 HCO_3^- 和 SO_4^{2-} 平均浓度分别为 2.43 mmol/L 和 0.48 mmol/L，枯水期 HCO_3^- 和 SO_4^{2-} 平均浓度分别为 2.09 mmol/L 和 0.62 mmol/L。枯水期 SO_4^{2-} 平均浓度明显高于丰水期，而 HCO_3^- 平均浓度与其他离子呈相反变化趋势，枯水期低于丰水期。河水中的 Cl^-、NO_3^-、F^- 全年浓度平均值分别为 0.11 mmol/L、0.16 mmol/L、0.04 mmol/L。丰水期 Cl^-、NO_3^-、F^- 的平均浓度分别为 0.11 mmol/L、0.03 mmol/L、0.02 mmol/L，枯水期 Cl^-、NO_3^-、F^- 的平均浓度分别为 0.12 mmol/L、0.29 mmol/L、0.05 mmol/L。Cl^- 在丰水期与枯水期两个时期变化不大，而流域不同时期、不同地区 NO_3^-、F^- 离子浓度变化最明显，变化趋势基本相同，枯水期离子浓度明显高于丰水期，上游流域 NO_3^-、F^- 离子浓度显著高于中下游流域。

清水江流域干流河水的总阳离子浓度（TZ^+）和总阴离子浓度（TZ^-）变化趋势如图 3-2 所示。流域总阳离子、阴离子浓度变化趋势总体表现为枯水期高于丰水期，这主要是因为丰水期降雨量丰富，降雨量的增加对河水中的离子浓度起到了稀释的作用，并且流域丰水期和枯水期干流河水的总阴离子、总阳离子浓度总体表现为上游流域较高，从上游至下游，离子浓度逐渐降低。

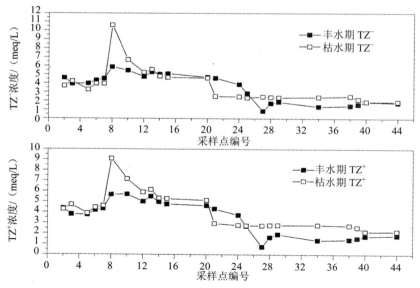

图 3-2 清水江流域干流总阴离子、总阳离子浓度变化趋势

3.1.2.2　清水江流域支流离子组成特征

清水江流域支流主要离子组成如表 3-4 所示，河水全年温度均值 17.72℃，pH 介于 7.07～9.07 之间，平均值为 7.86，中性偏弱碱性，其中，支流丰水期 pH 介于 7.19～8.84 之间，枯水期 pH 介于 7.07～9.07 之间。河水溶解氧（DO）的质量浓度变化范围为 3.30～12.10 mg/L，平均值为 8.44 mg/L，其中，丰水期变化范围介于 3.30～9.28 mg/L 之间，平均值为 6.56 mg/L；枯水期变化范围介于 5.62～12.10 mg/L 之间，平均值为 10.33 mg/L。在流域丰水期，溶解氧（DO）的变化幅度较大，且质量浓度略低于流域枯水期。干流水体 TDS 质量浓度变化较大，介于 35.29～385.34 mg/L 之间，平均值为 150.39 mg/L，其中，丰水期 TDS 介于 44.52～384.65 mg/L 之间，平均值为 156.46 mg/L；枯水期 TDS 介于 35.29～385.34 mg/L 之间，平均值为 144.31 mg/L。支流 TDS 质量浓度均值远低于干流流域均值。

表 3-4　清水江流域支流主要离子组成

项目	单位	丰水期		枯水期	
		变化范围	均值	变化范围	均值
pH	—	7.19～8.84	7.85	7.07～9.07	7.88
T	℃	21.7～29.60	26.03	8.00～15.60	9.81
DO	mg/L	3.30～9.28	6.56	5.62～12.10	10.33
EC	μS/cm	—	—	37.70～490.00	192.50
Na^+	mmol/L	0.04～0.31	0.18	0.04～0.31	0.18
K^+	mmol/L	0.02～0.09	0.04	0.01～0.07	0.03
Mg^{2+}	mmol/L	0.04～1.12	0.25	0.03～1.19	0.28
Ca^{2+}	mmol/L	0.09～1.62	0.56	0.07～1.75	0.60
Cl^-	mmol/L	0.03～0.15	0.09	0.02～0.15	0.08
NO_3^-	mmol/L	0.00～0.05	0.01	0.00～0.15	0.08
SO_4^{2-}	mmol/L	0.04～0.71	0.19	0.05～0.69	0.22
HCO_3^-	mmol/L	0.37～4.61	1.47	0.18～4.09	1.18
F^-	mg/L	0.04～1.24	0.17	0.02～0.48	0.10
NH_4^+	mg/L	0.24～0.34	0.27	0.00～0.36	0.11
SiO_2	mg/L	3.86～14.46	9.64	2.12～11.32	6.82
TDS	mg/L	44.52～384.65	156.46	35.29～385.34	144.31

清水江流域支流主要阳离子浓度变化趋势为 $Ca^{2+}>Mg^{2+}>Na^+>K^+>NH_4^+$，主要阴离子浓度变化趋势为 $HCO_3^->SO_4^{2-}>Cl^->NO_3^->F^-$，支流流域 SiO_2 含量明显高于干流流域。清水江流域支流河水的总阳离子、总阴离子浓度变化趋势如图 3-3 所示，其丰水期和枯水期的总阳离子浓度（TZ^+）变化范围分别为 0.44～5.02 meq/L 和 0.34～5.50 meq/L；河水总阴离子浓度（TZ^-）丰水期和枯水期的变化范围分别为 0.49～5.12 meqL 和 0.33～4.88 meq/L。

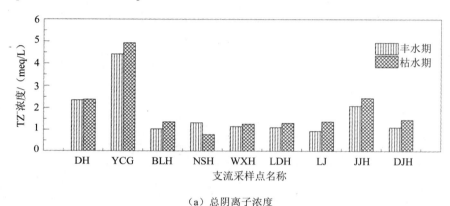

（a）总阴离子浓度

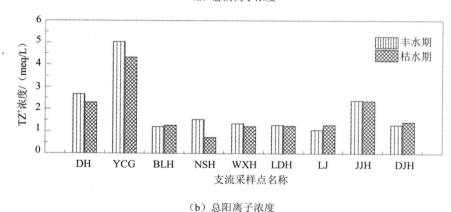

（b）总阳离子浓度

图 3-3　清水江流域支流总阴离子、总阳离子浓度变化趋势

流域丰水期和枯水期支流河水的总阴离子、总阳离子浓度变化趋势与干流流域相似，总体表现为上游流域较高，从上游至下游，离子浓度逐渐降低。主要原因是上游支流及中下游支流河水所流经的地质背景、水文条件、人为活动等影响因素存在差异。

3.1.3　流域水化学时空分布特征

对清水江流域不同区段、季节（丰水期、枯水期）的主要离子浓度变化进行讨论，探讨流域水体水化学时空分布规律。

3.1.3.1　干流水化学时空分布特征

干流河水的主要离子含量时空分布特征可以直观地反映流域主河道在不同区段（上游、中游、下游）、不同季节（丰水期、枯水期）河水中主要离子含量变化情况，通过分析水体中主要离子的来源，对了解化学风化、大气降水、人为活动等因素对研究区河水水化学的影响有重要意义。

清水江流域干流不同时期、不同区域主要离子浓度变化趋势如图 3-4 所示，不同时期，流域干流主要离子浓度不同，但河水离子组成季节变化较小，丰水期离子平均浓度略低于枯水期。从图中可以看出，除了 Cl^- 和 HCO_3^- 离子以外，Na^+、Mg^{2+}、Ca^{2+}、NO_3^- 和 SO_4^{2-} 的离子浓度多表现出枯水期略高于丰水期。清水江流域地处贵州省东南部，受海洋湿润空气影响，流域内降水量较丰富，降雨多集中在夏季流域丰水期，充沛的雨水对河水主要离子浓度有一定的稀释作用，再加上冬季流域的浓缩蒸发和来自径流的离子的输入，使得丰水期的离子浓度相对枯水期较低。

清水江流域枯水期河水中 HCO_3^- 与其他主要离子浓度变化趋势相反，枯水期略低于丰水期，而枯水期 Ca^{2+}、SO_4^{2-} 含量却明显高于丰水期。陈静生等对川贵地区长江干流近 30 年的河水主要离子含量的资料整理分析表明，当地河水 Ca^{2+}、SO_4^{2-} 含量及总硬度与总碱度的比值均有升高趋势，某些站点的 pH 和 HCO_3^- 含量还有下降趋势，并初步认为上述的水质变化趋势是环境酸化过程在酸不敏感地区对陆地水水质影响的一种表现[4]。清水江干流上游都匀、福泉、凯里地区是整个流域经济较发达地区，主要以工业发展为主，清水江流域煤炭储存量丰富，流域内都匀市、凯里市是贵州省主要的"酸雨控制区"之一，SO_2 是其空气的首要污染物[5]。与流域丰水期相比，枯水期 pH 和 HCO_3^- 离子浓度有所降低，Ca^{2+}、SO_4^{2-} 离子浓度相对增加。冬季温度较低，化石燃料使用量增加，燃烧产生的 SO_2 通过酸沉降的方式形成硫酸进入河水，枯水期相对酸化的水环境加速了流域碳酸盐矿物的溶解，从而导致这一时期 Ca^{2+}、SO_4^{2-} 含量增加。

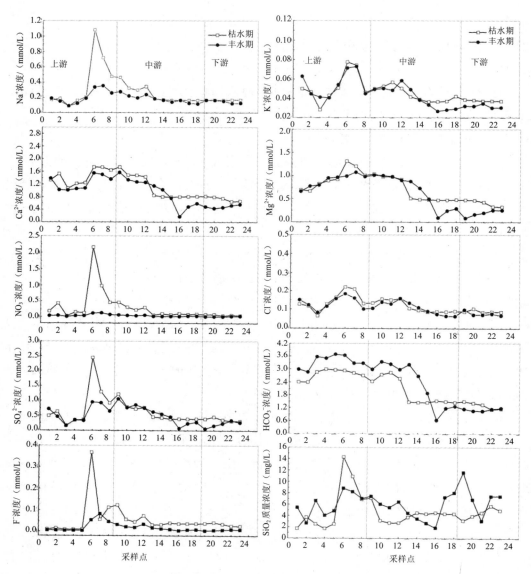

图 3-4　清水江流域干流不同时期、不同区域主要离子浓度变化趋势

　　同一时期，流域内不同区域主要离子空间变化幅度相对较大，如丰水期 HCO$_3^-$ 浓度介于 0.64～3.69 mmol/L 之间，Ca^{2+} 浓度介于 0.43～1.57 mmol/L 之间。同一时期，流域主要离子浓度变化趋势基本相同，上游流域离子浓度较高，沿上游至下游，离子浓度逐渐降低。流域河水中离子浓度最高值出现在上游都匀、福泉地区，这主要是由于流域上游地区为碳酸盐岩地区，而流域中下游地区为贵州省岩溶地貌最少的地区，大部分地层多硅化，为主要的碎屑岩地区。

3.1.3.2 支流水化学时空分布特征

由于支流河水流域面积小，所受到的自然条件和人为活动的影响相对比较单一，可以更客观地反映在不同地质背景、区域经济等条件下，各因素对支流流域河水水化学特征的影响，从而进一步对研究区河水的相关结论进行论证说明。

清水江流域支流不同时期、不同区域主要离子浓度变化趋势如图 3-5 所示，不同时期，支流流域离子浓度变化较小，表明气候的变化对支流流域离子组成影响较小。部分支流枯水期河水离子含量高于丰水期，而部分支流表现为枯水期河水离子含量低于丰水期。同一时期，上游的支流与下游的支流离子组成明显不同，下游支流的 Na^+、Cl^-、SiO_2含量明显高于上游地区支流，而下游支流流域的 Ca^{2+}、Mg^{2+}、HCO_3^-浓度明显低于上游支流，表明支流流域水化学特征主要受流域地质背景的影响。

3.2 清水江流域水化学变化影响因素

河水中的主要离子存在多种来源，如大气降水海盐输入（包括大气干沉降和大气降水）、流域内岩石风化产物（碳酸盐、蒸发岩和硫化物的风化与溶解）、人为活动的输入、生物圈的贡献和物质再循环过程中的净迁移量等[6]。

前人的研究表明，生物圈对河流的贡献从总体上来看是守恒的，物质再循环迁移的过程中，水体内离子交换反应比风化反应更易趋近于平衡，在稳态系统中物质再循环迁移的迁入量与迁出量基本上是相等的[1]。因此，本书对清水江流域水化学变化的影响因素分析主要侧重分析大气降水海盐输入、人为活动和岩石化学风化过程 3 个因素。

3.2.1 大气降水海盐输入对水化学组成的影响

大气降水是地表径流的主要来源，清水江流域属于山区雨源型河流，域内干流、支流的水量均由降水补给，因此有必要估算流域大气降水对河水溶质的贡献。

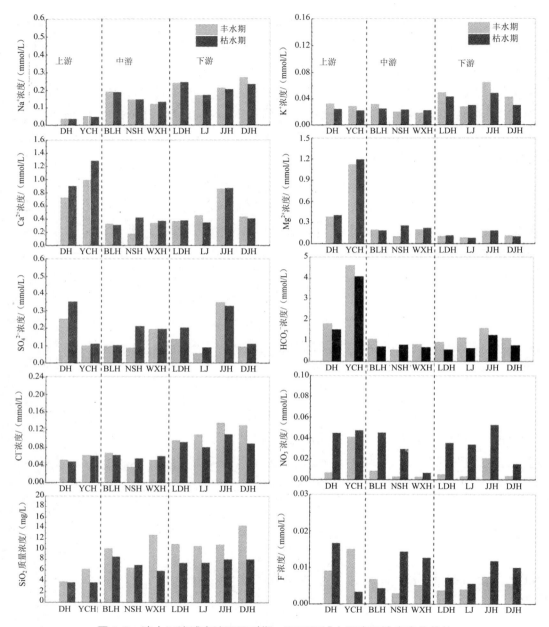

图 3-5　清水江流域支流不同时期、不同区域主要离子浓度变化趋势

Cl⁻是雨水的主要成分，在地表水循环中相对保持稳定，通常认为河水中的 Cl⁻主要来自于大气降水，而大气降水中的 Cl⁻主要来自于海盐的输入。因而，通过海盐校正的方法，根据流域大气降水中 Cl⁻浓度、流域蒸发量、降水量可以估算大气降水、海盐输入对流域河水溶质的最大贡献[7]，降水中其他离子用标准海水离子的物质的量比（$Na^+/Cl^-=0.86$，$Mg^{2+}/Cl^-=0.21$，$K^+/Cl^-=0.004$，$Ca^{2+}/Cl^-=0.04$，$SO_4^{2-}/Cl^-=0.11$）进行计算。

为了更准确地计算大气降水输入对河流溶解物质的贡献，引入氯离子参考值$[Cl^-]_{ref}$的概念，代表大气降水对河水溶质的最大输入[7]。计算方法如下：

$$[Cl^-]_{ref} = F \times [Cl^-]_{rw}$$

式中：F —— 流域水分蒸发损失量，$F=P/(P-E)$，其中 P 代表流域年均降水量（mm），E 代表流域年均蒸发量（mm）；

　　　$[Cl^-]_{rw}$ —— 大气降水中的 Cl⁻浓度。

清水江流域黔南地区多年年平均降雨量为 1 220.50 mm，多年年平均蒸发量为 629.40 mm[9]，经计算，F 值为 2.07，$[Cl^-]_{ref}$ 值为 0.044 mmol/L。由于缺乏研究区大气降水中 Cl⁻浓度数据，选用大气环境条件与研究区接近的贵州省省会城市贵阳市的大气降水数据作为参考。贵阳市大气降水中的 Cl⁻浓度为 0.021 mmol/L[10]，小于清水江流域河水中 Cl⁻浓度 0.10 mmol/L。对大气降水和海盐输入的计算结果表明，清水江流域大气降水对流域溶质的贡献约为 1.73%，低于世界河流均值（3%）[11]及赣江上游[7]（11.31%）。前人的研究显示，远离海洋的河流其化学组成基本不受海盐输入的影响[12, 13]，研究区远离海边，河水的 Cl⁻/Na⁺比值平均值为 0.59，远低于世界平均海水比值（$Cl^-/Na^+=1.15$[14]）。可见，大气降水海盐输入对研究区河水溶质的贡献很小。

3.2.2　人为活动对流域水化学的影响

人为活动对流域水化学的影响复杂而充满不确定性，随着经济社会的发展，人类对环境的影响不断扩大，生态环境不断被破坏，流域水环境质量不断恶化，人为活动对流域地表水的影响越来越受到人们的重视。人为活动产生的污染物主要通过两种方式影响流域水化学的变化，一种是生产、生活产生的废弃物的排放，另一种为酸沉降。人为活动产生的污染物通过直接或间接的方式，以地表径流或地下径流的形式进入流域水体中，对水体形成污染，但由于地表径流对流域河水具有一定的稀释作用，且流域河水具有自净能力，因此，人为活动对流域水化学的影响复杂而难以定量判定。Gaillardet 等对世界上大河的研究显示，利用 TDS 和 Cl^-/Na^+ 浓度比作为判断人为活动的污染程度，即当河水的 TDS$>$500 mg/L，且 $Cl^-/Na^+>1.17$ 时，河水受到严重的人为污染。清水江流域 TDS 质量浓度均值为 217.50 mg/L，Cl^-/Na^+ 比值均值为 0.59，其中，上游福泉市凤山镇枯水期采样点（TDS=510.56 mg/L，Cl^-/Na^+=1.41）表现出典型污染水体特征；而三江口枯水期采样点 TDS 为 740.80 mg/L，但 Cl^-/Na^+ 为 0.21，远小于海水比值，其主要原因是该样品点受单一的磷矿开采和磷化工影响。

人为活动排放污染物的特征是富含 K^+、Ca^{2+}、SO_4^{2-}、Cl^- 和 NO_3^-，其中，K^+、Ca^{2+}、SO_4^{2-}、Cl^- 同时又是岩石风化的产物，NO_3^- 主要来源于农业化肥施用以及工业活动和汽车尾气所产生的氮氧化物等，常作为反映人类活动的特征离子[17]。通常认为，河水中的 SO_4^{2-} 主要源于硫化物的氧化、工业活动燃煤产生的 SO_2 排放和大气沉降等[18]，主要反映工业活动的影响。清水江是其所流经城镇生活污水和工业废水的主要纳污河流，上游流域为我国重要的磷化工基地，磷化工企业排放的污水造成大量的磷、氟进入水体[19, 20]，而流域中下游地区主要以林业和农业发展为主，因此本书用 SO_4^{2-}、NO_3^-、F^- 表征人为活动对流域水化学的影响。

从图 3-6 可以看出，清水江流域干流河水不同时期、不同地区，SO_4^{2-}、NO_3^- 与 F^- 浓度变化最明显，且变化趋势基本相同，枯水期离子浓度高于丰水期，上游流域离子浓度显著高于中下游流域，在福泉三江口地区最高，由上游至下游，浓度逐渐降低。

根据数据显示，清水江流域上游流域 NO_3^- 浓度分别是中游、下游流域的 3.75 倍与 10 倍，F^- 离子浓度是中下游流域的 2.2 倍；枯水期 NO_3^- 浓度较丰水期增长 8 倍之多，F^- 浓度较丰水期增长约 2 倍。清水江上游流域分布有化肥厂和大量磷化工企业[19]，磷化工企业污染物超标排放导致大量矿山废水和工业废水进入水体，加上冬季流域降水量和径流量较少，使流域枯水期 NO_3^-、F^- 离子浓度显著增加。因此认为，大气酸沉降和上游密集的城镇可能是流域内 SO_4^{2-} 与 NO_3^- 的重要来源。相关性较高的离子通常都有相同的来源或经历了相同的化学反应过程，清水江流域河水中 SO_4^{2-} 与 NO_3^- 相关性（r=0.79，$P<0.01$）良好，往往反映了二者共同的人为来源，如化石燃料导致的酸沉降、城镇污水排放等[21, 22]。由此可以看出，人为活动对清水江流域的影响主要表现为上游工业企业的影响。并且，枯水期人为活动对流域离子组成的影响显著于丰水期。

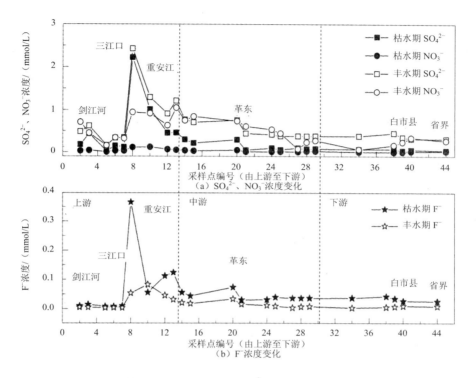

图 3-6　清水江流域干流河水 SO_4^{2-}、NO_3^-、F^-浓度变化趋势

从上游至下游流域河水中，SO_4^{2-}、NO_3^-、F^-浓度逐渐降低，表明随着水体自净及中下游森林区域支流的汇入，工业活动对流域水化学的影响逐渐降低，水质逐渐改善，可见上游工业发达地区对清水江流域水化学的影响是非常显著的。

3.2.3　岩石化学风化对流域水化学的影响

Gibbs 图法将影响河流水化学组成的因素分为大气降水、岩石风化以及蒸发—结晶三类，能够直观反映河水主要成分是趋于"大气降水控制类型""岩石风化"控制类型，还是"蒸发—结晶控制类型"[17, 23, 24]。Gibbs 图是一种半对数坐标，图中纵坐标为对数坐标，代表河水中溶解性物质的总量（TDS）；横坐标为线性坐标，以摩尔浓度比值表示河水中阳离子的比值 $Na^+/(Na^++Ca^{2+})$ 或阴离子的比值 $Cl^-/(Cl^-+HCO_3^-)$[25]。

　　利用 TDS 与 Na$^+$/（Na$^+$+Ca^{2+}）、Cl$^-$/（Cl$^-$+HCO$_3^-$）的关系图可以判断河水主要离子的主要控制类型，直观地判断流域水化学变化的影响因素，全球所有河流的点全部都落在 Gibbs 图中。在 Gibbs 图中，具有较高的 TDS 含量以及较高的 Na$^+$/（Na$^+$+Ca^{2+}）、Cl$^-$/（Cl$^-$+HCO$_3^-$）比值则分布在图形右上端，表明河水水化学组成主要受蒸发—结晶影响；而具有较高的 TDS 含量以及较低的 Na$^+$/（Na$^+$+Ca^{2+}）、Cl$^-$/（Cl$^-$+HCO$_3^-$）比值则分布在图形的左中部，表示河水水化学组成主要受岩石风化的影响；具有较低的 TDS 含量以及较高的 Na$^+$/（Na$^+$+Ca^{2+}）、Cl$^-$/（Cl$^-$+HCO$_3^-$）比值则分布在图形的右下端，表示河水水化学组成主要受大气降水影响[24]。

　　如图 3-7 所示，在清水江流域河水 Gibbs 图中，无论是在流域枯水期还是丰水期，清水江流域河水大部分样品都落在 Gibbs 图虚线框岩石风化控制区域，显示清水江流域水化学组成主要受岩石风化作用控制，支流流域 Na$^+$/（Na$^+$+Ca^{2+}）比值偏高，主要是由于支流流域多分布在碎屑岩区域，Na$^+$离子浓度偏高，而 Ca^{2+}离子浓度较低，导致 Na$^+$/（Na$^+$+Ca^{2+}）比值偏高，部分支流流域的点超出了吉布斯边界。因此，初步认为，清水江流域是一条主要受岩石风化控制的河流。

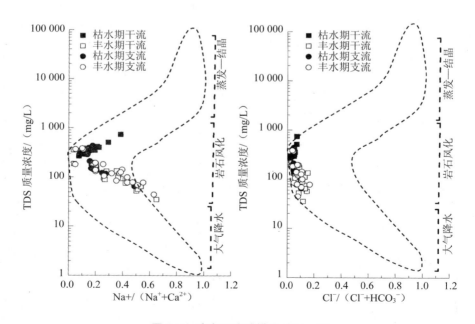

图 3-7　清水江流域样品 Gibbs 图

流域的岩石风化主要有碳酸盐岩风化、硅酸盐岩风化和蒸发岩风化 3 种类型。通过阴阳离子三角图、元素比值分析等方法可以确定流域主要岩石风化类型。

3.2.3.1　阴阳离子三角图分析

阴阳离子三角图可以表明水体的主离子组成变化，可以直观反映水体化学组成特征，辨别其控制端元[26]，在流域水化学的研究中得到广泛应用。阴阳离子三角图分为阴离子三角图和阳离子三角图，其中，HCO_3^-—SO_4^{2-}—Cl^- 组成的三角图为阴离子三角图，（Na^++K^+）—Ca^{2+}—Mg^{2+} 组成的三角图为阳离子三角图。在阴阳离子三角图上，碳酸盐风化地区的河水阳离子分布主要靠近 Ca^{2+} 端元，阴离子主要靠近 HCO_3^- 端，而蒸发岩风化产物阳离子会落在（Na^++K^+）一端，阴离子会落在 SO_4^{2-}—Cl^- 线上，远离 HCO_3^- 一端。

在清水江流域阴阳离子三角图中（图 3-8），流域河水中阳离子主要分布在 Ca^{2+}—Mg^{2+} 线靠近 Ca^{2+} 端元，与我国的长江流域[29]相似；阴离子主要靠近 HCO_3^- 端，与乌江流域[28]相似。与黄河流域[27]相比，流域明显富含 Ca^{2+}、HCO_3^-，而 Na^+、K^+、Cl^- 的浓度较低。由阳离子三角图也可以清晰看出，清水江流域干流 Na^+、K^+ 浓度较低，支流 Na^+、K^+ 浓度较高；在阴离子三角图中，干流流域阴离子主要靠近 HCO_3^- 端，而支流流域更靠近 SiO_2 一端，在一定程度上反映了碳酸盐岩风化对干流流域的影响及硅酸盐岩风化对支流流域的影响。

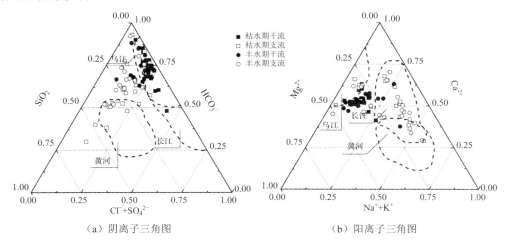

（a）阴离子三角图　　　　（b）阳离子三角图

图 3-8　清水江河水阴阳离子三角图（单位：mmol/L）[6, 27, 28]

3.2.3.2　元素比值分析

不同岩性端元间的对比可以判别流域不同岩石矿物风化对河水溶质的影响[7]，从图 3-9 清水江流域岩性端元比值图可以看出，干流流域的样品点主要落在碳酸盐岩风化区域，支流流域的样品主要落在硅酸盐岩区域，揭示干流流域主要受碳酸盐岩风化影响，而大部分支流流域主要受硅酸盐岩风化影响。

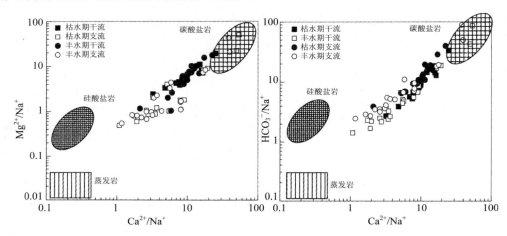

图 3-9　清水江流域河水 Mg^{2+}/Na^+—Ca^{2+}/Na^+ 及 HCO_3^-/Na^+—Ca^{2+}/Na^+ 当量浓度比值关系

（$Ca^{2+}+Mg^{2+}$）/（Na^++K^+）当量比值可以作为判别流域不同岩石风化相对强度的指标，碳酸盐岩风化地区比值较高。清水江流域干流河水中（$Ca^{2+}+Mg^{2+}$）/（Na^++K^+）当量比值介于 1.45～70.83 之间，最高值为上游支流大河（枯水期 42.94，丰水期 31.90）和羊昌河（枯水期 70.82，丰水期 52.36），除了这两条支流以外，其余大部分样品点（$Ca^{2+}+Mg^{2+}$）/（Na^++K^+）当量比值在 20 以下。全流域平均值为 12.26，与以碳酸盐岩风化为主的普莫雍错入湖河流比值相近（2～25）[31]，远高于受蒸发岩影响的塔克拉玛干周边河流比值（0.89）[30]及世界河流均值（2.2）[30, 32]，较高的（$Ca^{2+}+Mg^{2+}$）/（Na^++K^+）比值表明该地区主要受碳酸盐岩风化控制。

从图 3-10 和图 3-11 可以看出，在清水江流域丰水期和枯水期两个时期，河水中的（$Ca^{2+}+Mg^{2+}$）/（Na^++K^+）当量比值具有相同变化趋势，上游流域较高，从上游到下游逐渐降低；SiO_2 质量浓度的变化趋势与（$Ca^{2+}+Mg^{2+}$）/（Na^++K^+）当量比值变化趋势相反，上游流域较低，从上游到下游，浓度逐渐升高。流域枯水期和丰水期，干流

（Ca²⁺+Mg²⁺）/（Na⁺+K⁺）比值与支流流域变化趋势不同，干流流域（Ca²⁺+Mg²⁺）/（Na⁺+K⁺）比值高于支流流域，而干流流域 SiO₂ 浓度低于支流流域。

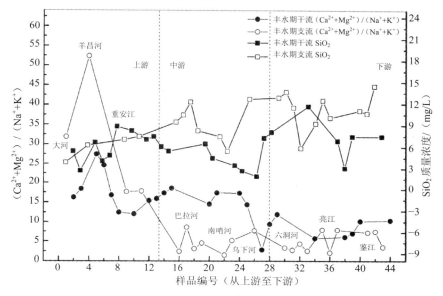

图 3-10　清水江流域丰水期河水（Ca²⁺+Mg²⁺）/（Na⁺+K⁺）变化趋势

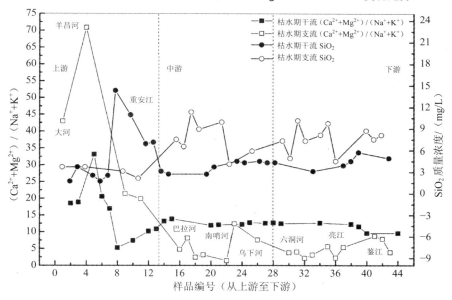

图 3-11　清水江流域枯水期河水（Ca²⁺+Mg²⁺）/（Na⁺+K⁺）变化趋势

37

从上游至下游，支流流域（$Ca^{2+}+Mg^{2+}$）/（Na^++K^+）当量比值逐渐降低，SiO_2质量浓度从上游至下游逐渐升高。无论是流域枯水期还是流域丰水期，支流的（$Ca^{2+}+Mg^{2+}$）/（Na^++K^+）当量比值低于干流比值，上游的支流流域的（$Ca^{2+}+Mg^{2+}$）/（Na^++K^+）比值远高于下游支流流域比值，SiO_2质量浓度也有相反的变化趋势；从上游至下游，碳酸盐岩风化对干流水化学的影响逐渐减弱，而硅酸盐岩风化影响逐渐增强，进一步揭示了清水江流域上游地区主要受碳酸盐岩风化影响，而中下游流域地区主要受硅酸盐岩风化影响。

3.3　清水江流域化学风化过程及碳汇效应分析

化学风化过程是地表环境中，在大气的参与下，水与岩石、土壤相互作用而导致岩石土壤中部分组分被水溶解、搬运的一种地球化学过程[33]。温室效应和全球碳循环是世界各国政府和研究人员广泛关注的大气环境问题，大气二氧化碳是地质作用的驱动力；岩石的化学风化吸收大气中的二氧化碳，转化成巨大的碳汇，达到减少大气中的二氧化碳的效果[34]。

3.3.1　清水江流域主要化学风化过程分析

由前文可知，清水江流域主要岩石风化为碳酸盐岩和硅酸盐岩风化，本节通过离子组成特征分析、相关性分析及河水主要元素比值分析，探讨清水江流域碳酸盐岩和硅酸盐岩主要风化过程。

3.3.1.1　碳酸盐岩风化

碳酸盐岩的化学风化研究是以水化学组分为基础，水是化学反应的参与者，也是河水溶解质的搬运工。地表岩石的化学风化反应介质主要为碳酸和硫酸[25, 35]，碳酸是地表化学侵蚀的主要动力因子。CO_2溶解在水中形成的H_2CO_3，SO_2、硫化物氧化形成的硫酸都会影响碳酸盐岩矿物的溶解。因而，流域碳酸盐矿物溶解的反应式可以用下面化学式表示：

$$3Ca_xMg_{(1-x)}CO_3+H_2CO_3+H_2SO_4=3xCa^{2+}+3（1-x）Mg^{2+}+4HCO_3^-+SO_4^{2-} \quad （3.1）$$

$$Ca_xMg_{(1-x)}CO_3+H_2CO_3=xCa^{2+}+（1-x）Mg^{2+}+2HCO_3^- \quad （3.2）$$

$$2Ca_xMg_{(1-x)}CO_3+H_2SO_4=2xCa^{2+}+2（1-x）Mg^{2+}+2HCO_3^-+SO_4^{2-} \quad （3.3）$$

有的研究显示,主要受方解石、白云石等碳酸盐岩风化控制的地区($Ca^{2+}+Mg^{2+}$)/HCO_3^- 当量浓度比值应在 1:1 左右[26]。如图 3-12（a）所示,清水江流域上游和部分中游地区 ($Ca^{2+}+Mg^{2+}$)/HCO_3^- 当量浓度比值部分数据点分布在 1:1 等值线的下方,部分中游和 所有下游地区点基本分布在 1:1 等值线左右,表明流域中上游地区部分点 Ca^{2+}、Mg^{2+} 相对 HCO_3^- 有富余,碳酸盐岩风化还有其他酸的参与。如图 3-12（b）所示,在 ($Ca^{2+}+Mg^{2+}$) 与 ($HCO_3^-+SO_4^{2-}$) 当量比值图上,样品点均分布于 1:1 等值线附近,说 明硫酸和碳酸共同参与的风化基本可以解释流域内所有岩石的风化过程。清水江流域河 水中的 HCO_3^- 或 SO_4^{2-} 当量浓度均与流域河水 TZ^+ 不平衡,而（$HCO_3^-+SO_4^{2-}$）当量浓度 与 TZ^+ 基本平衡,反映了碳酸、硫酸均为清水江流域化学风化的酸性介质[36]。

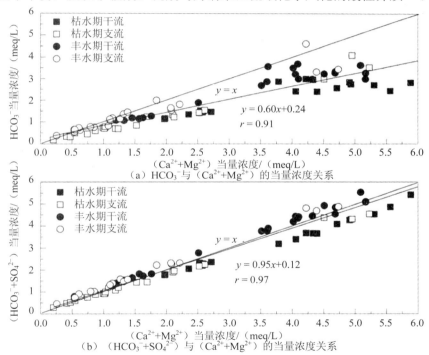

图 3-12　清水江流域河水中 HCO_3^-、（$HCO_3^-+SO_4^{2-}$）与（$Ca^{2+}+Mg^{2+}$）的当量浓度关系

H_2CO_3 风化碳酸盐岩,（$Ca^{2+}+Mg^{2+}$）/HCO_3^- 的当量浓度比值为 1,H_2SO_4 风化碳酸 盐岩（$Ca^{2+}+Mg^{2+}$）/HCO_3^- 的当量浓度比值为 2,SO_4^{2-}/HCO_3^- 当量浓度比值为 1[37, 38]。 清水江流域河水 SO_4^{2-} 与 Ca^{2+}、Mg^{2+} 在 0.01 监测水平下显著相关,（$Ca^{2+}+Mg^{2+}$）与

（SO_4^{2-}+HCO_3^-）的相关性（r=0.97，P<0.01）大于（Ca^{2+}+Mg^{2+}）与 HCO_3^- 的相关性（r=0.96，P<0.01），也大于 Mg^{2+}、Ca^{2+} 与 HCO_3^- 的相关性，显示镁硫酸盐或 Ca^{2+}、Mg^{2+}碳酸盐在硫酸的作用下发生了化学反应。镁硫酸盐反应使 Mg^{2+} 与 SO_4^{2-} 浓度比值为 1；硫酸参与流域碳酸盐风化，Mg^{2+} 与 SO_4^{2-} 浓度比值为 2[39]；清水江流域河水中 Mg^{2+} 与 SO_4^{2-} 浓度比值为 1.53，反应倾向于硫酸参与流域碳酸盐岩风化。刘丛强、李思亮等对西南喀斯特地区河水从化学计量学、SO_4^{2-} 的 $\delta^{34}S$ 和溶解无机碳（DIC）的 $\delta^{13}C$ 对比分析发现，硫循环中形成的硫酸广泛参与了流域碳酸盐矿物的溶解和流域侵蚀[40-42]。

如图 3-13 所示，清水江流域样品点大部分都落在硫酸与碳酸共同风化碳酸盐岩之间。清水江流域内都匀市、凯里市是贵州省主要的"酸雨控制区"之一，SO_2 是首要大气污染物[5]。硫循环过程中形成的硫酸及化石燃料的燃烧产生的 SO_2 可能通过酸沉降的方式形成的硫酸参与了流域碳酸盐岩风化。赵晓韵等对 2012 年 3 月至 2013 年 2 月间都匀地区大气降水的研究表明，都匀大气降水中 SO_4^{2-} 浓度为 0.30 mmol/L[5]。可见，大气沉降的硫酸对清水江流域岩石风化的影响不可忽略。

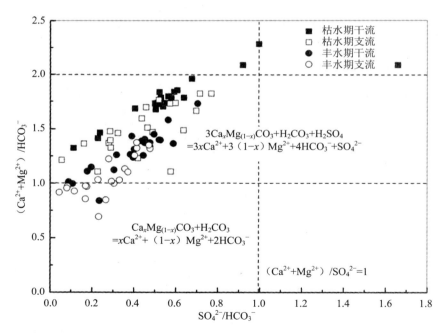

图 3-13　清水江流域河水中（Ca^{2+}+Mg^{2+}）/HCO_3^- 与 SO_4^{2-}/HCO_3^- 当量浓度比值关系

相关性较好的离子通常具有相同的来源或经历了相同的化学反应过程[43]，清水江流域丰水期各离子相关性见表 3-5。Ca^{2+} 与 HCO_3^-、Ca^{2+} 及 Mg^{2+}、Mg^{2+} 与 HCO_3^- 分别在 0.01 检测水平下显著相关，反映了流域内碳酸盐岩的溶解；流域河水中（Ca^{2+}+Mg^{2+}）与 HCO_3^- 的相关性（r=0.96，P<0.01）和 Mg^{2+} 与 HCO_3^- 的相关性大于 Ca^{2+} 与 HCO_3^- 的相关性（表 3-5），表明流域河水中 Ca^{2+}、Mg^{2+}、HCO_3^- 主要来自于白云石的溶解，其次是方解石[44]，即流域河水中的 Ca^{2+}、Mg^{2+}、HCO_3^- 主要来自于白云石和方解石等碳酸盐岩的风化溶解。SO_4^{2-} 与 NO_3^- 相关性良好，往往反映了二者共同为人为来源，如化石燃料导致的酸沉降、城镇污水排放等[21, 45]。前面讨论已经表明，研究区酸沉降对清水江流域 SO_4^{2-} 的影响不可忽视。因此，大气酸沉降和上游密集的城镇可能是流域内 SO_4^{2-} 与 NO_3^- 的重要来源。

表 3-5　清水江流域河水主要离子相关性

项目	Na^+	K^+	Mg^{2+}	Ca^{2+}	F^-	Cl^-	NO_3^-	SO_4^{2-}	HCO_3^-	SiO_2
Na^+	1									
K^+	0.58**	1								
Mg^{2+}	0.38**	0.52**	1							
Ca^{2+}	0.42**	0.69**	0.90**	1						
F^-	0.89**	0.49**	0.52**	0.52**	1					
Cl^-	0.67**	0.88**	0.62**	0.73**	0.57**	1				
NO_3^-	0.88**	0.41**	0.46**	0.46**	0.92**	0.53**	1			
SO_4^{2-}	0.78**	0.69**	0.73**	0.80**	0.82**	0.73**	0.79**	1		
HCO_3^-	0.17	0.54**	0.93**	0.87**	0.30**	0.58**	0.25*	0.56**	1	
SiO_2	0.34**	0.04	−0.38**	−0.35**	0.17	0.01	0.16	−0.05	−0.35**	1

注：* 显著性水平 0.05，** 显著性水平 0.01。

3.3.1.2　硅酸盐岩风化

硅酸盐岩在水和 CO_2 的作用下，将其中的易溶元素（Ca、Mg、K、Na）等分离出来，并伴随着次生矿物如钠长石、斜长石的生成[46]。硅酸盐岩风化在我国大多数流域盆地不是很明显，其中硅酸盐岩对黄河流域的贡献仅为 7.54%，赣南小流域为 6.6%，世界流域均值为 15%[47]。

天然水体中的 Si 主要来自于硅酸盐岩和铝硅酸盐矿物的风化水解，因而，水体中的硅可作为硅酸盐类矿物风化水解的证据（李甜甜等，2006）。通常认为，Na^+ 来自于石盐的溶解和硅酸盐风化，K^+ 来源于钾长石和云母的风化[23]。水体中 SiO_2 质量浓度也可能受到生物作用的影响，如东伯利亚沼泽地中的一些小流域，$SiO_2/(Na^+-Cl^-+K^+)$ 比值为 0.2～0.5。清水江流域 SiO_2 质量浓度介于 1.72～14.46 mg/L 之间，平均值为 6.72 mg/L；其中枯水期 SiO_2 质量浓度介于 1.72～14.32 mg/L 之间，平均值为 5.71 mg/L；丰水期 SiO_2 质量浓度介于 1.86～14.46 mg/L 之间，平均值为 7.73 mg/L。清水江流域 $SiO_2/(Na^+-Cl^-+K^+)$ 比值介于 0.41～14.30 之间，平均值为 2.29，可以看出，流域 SiO_2 受生物作用影响很小，主要来源于硅酸盐岩风化。

清水江流域河水中 Na^+、K^+ 浓度较低，分别占阴阳离子总量的 5.01%、1.01%。河水中 SiO_2 仅与阳离子（Na^++K^+）、Na^+ 存在相关性，与 Na^+、（Na^++K^+）在 0.05 检测水平下显著相关（$r=0.34$，$P<0.05$；$r=0.33$，$P<0.05$），与 K^+ 相关性很小（$r=0.04$）。清水江流域中下游地区为流域碎屑岩地区，大部分地层多硅化，可知河水中的 Na^+、K^+ 有可能来自于钠长石的风化。Ca^{2+} 的硅酸盐岩来源主要是钙长石风化产生，清水江流域河水中 SiO_2 与 Ca^{2+}、Mg^{2+}、HCO_3^- 的相关性很小，呈明显负相关，表明硅酸盐岩风化溶解对流域河水中 Ca^{2+}、Mg^{2+}、HCO_3^- 的影响很小。

$SiO_2/(Na^+-Cl^-+K^+)$ 比值可以用来表征硅酸盐岩的风化，高岭石风化比值为 1.7，水铝矿比值为 3.5，页岩风化高岭石比值为 1.0。清水江流域河水 $SiO_2/(Na^+-Cl^-+K^+)$ 比值为 2.29，其中干流流域 $SiO_2/(Na^+-Cl^-+K^+)$ 比值均值为 1.55，接近高岭石风化比值，支流流域 $SiO_2/(Na^+-Cl^-+K^+)$ 比值均值为 3.10，支流比值接近水铝矿风化比值，表明流域硅酸盐岩的风化不仅在表生环境中进行，而主要是高岭石和水铝矿等硅酸盐矿物的风化。

通过蒸发岩校正的 SiO_2/TZ^+（$TZ^+=TZ^+-Cl^--2SO_4^{2-}$）的比值常作为判断硅酸盐风化强度的另一指标，页岩风化高岭石比值为 0.25，风化水铝矿比值为 0.88，TZ^+ 较高时，比值处于两种页岩之间。清水江流域 SiO_2/TZ^+ 比值介于 0.02～1.66 之间，中值 0.1，平均值 0.22，高于受碳酸盐岩影响的黔中小流域（$SiO_2/TZ^+=0.02$），低于受硅酸盐岩风化影响的赣南小流域（$SiO_2/TZ^+=0.23$）。其中，干流流域 SiO_2/TZ^+ 比值介于 0.02～0.37 之间，均值 0.09，支流流域 SiO_2/TZ^+ 比值介于 0.02～1.66 之间，中值 0.27，平均值 0.36，可以看出清水江流域支流的硅酸盐岩风化强度远高于干流地区。

清水江流域河水中的 K^+ 介于 0.01～0.09 mmol/L 之间，均值 0.04 mmol/L，K^+ 浓度较低，这主要是由于其他类型岩石或盐水中含 K 很少，且钾长石与含钙、钠盐的铝硅酸盐相比更难风化。

风化的另一指标是 Si 与 K 的关系，正长石 Si/K 比值 4.24，花岗岩 Si/K 比值 25.4，清水江流域河水中 Si/K 比值介于 1.23～35.53 之间，均值 6.93，中值 5.36，较接近正长石风化，流域 Si/K 比值最高值 35.53，为流域碎屑岩广泛分布的南哨河地区。清水江流域河水中的 K^+/Na^+ 比值变化范围为 0.07～0.90，平均值为 0.23，与拉斑玄武岩 K^+/Na^+ 比值（0.26）接近，小于花岗岩 K^+/Na^+ 比值（0.77）[50, 51]。较低 K^+/Na^+ 比值表明，流域黑云母到蛭石这一系列的风化过程较少。

清水江流域 Na^+、K^+ 与 Cl^- 在 0.01 检测水平下显著相关（r=0.67，P<0.01；r=0.88，P<0.01），但流域无明显的蒸发岩（KCl、$NaCl$）出露，河水中的 Na^+、K^+ 除了岩石风化来源外，还有一定人为活动来源，如工业废水、生活污水排放（含 $NaCl$），农业活动钾肥（KCl）的施用等。

3.3.2　流域化学风化过程中各组分贡献率分析

通过主成分分析方法及离子平衡原理对流域河水各组分进行分类，分析计算碳酸盐岩、硅酸盐岩及人为活动及其他因素对流域河水溶质的贡献率。

3.3.2.1　主成分及离子平衡原理分析

为了进一步探讨每一种岩石风化类型对清水江流域水化学的影响，对河水中岩石风化产物的 8 个离子组分做主成分分析（PCA），经过 KMO and Bartlett's 检测，流域样品 KMO=0.73，伴随概率值为 0.00<0.01，数据适合做主成分分析。分析结果如表 3-6 所示，得到 3 个公共因子，其中，第一因子方差贡献率为 62.55%，第二因子方差贡献率为 21.44%，第三因子方差贡献率为 6.43%，累积贡献率为 90.42%，信息提取较完整。因子 1、因子 2、因子 3 的方差贡献率依次递减，反映 3 个因子对河水溶质的贡献依次递减。根据表 3-6，各因子得分函数如下式所示：

$$Y_1=0.94Ca^{2+}+0.88Mg^{2+}+0.64Na^++0.82K^++0.81HCO_3^-+0.89SO_4^{2-}+0.88Cl^--0.18SiO_2$$
$$Y_2=0.66Na^++0.27K^++0.26Cl^-+0.85SiO_2-0.25Ca^{2+}-0.35Mg^{2+}-0.44HCO_3^-+0.21SO_4^{2-}$$
$$Y_3=0.41K^++0.26Cl^-+0.14SiO_2+0.13HCO_3^--0.34Na^+-0.16Mg^{2+}-0.33SO_4^{2-}$$

式中：Y_1、Y_2、Y_3——因子 1、因子 2、因子 3。

表 3-6　清水江流域水化学主成分分析因子载荷矩阵

变量	因子载荷			公共性方差
	因子 1	因子 2	因子 3	
Na^+	0.64	0.66	−0.34	0.96
K^+	0.82	0.27	0.41	0.92
Mg^{2+}	0.88	−0.35	−0.16	0.93
Ca^{2+}	0.94	−0.25	0.00	0.94
Cl^-	0.88	0.26	0.26	0.90
SO_4^{2-}	0.89	0.21	−0.33	0.94
HCO_3^-	0.81	−0.44	0.13	0.87
SiO_2	−0.18	0.85	0.14	0.77
方差贡献率/%	62.55	21.44	6.43	—
累积贡献率/%	62.55	83.99	90.42	—

　　第一因子 Ca^{2+}、Mg^{2+}、HCO_3^-、SO_4^{2-}、Cl^- 的相关性较大，代表了以白云岩、灰岩为主的碳酸盐类矿物的溶解，由前文分析可知，硫酸参与了流域碳酸盐岩风化，且第一因子与 SO_4^{2-} 表现出较大的相关性，因此第一因子不仅代表白云岩、灰岩等碳酸盐岩的风化溶解，也代表硫酸参与流域碳酸盐岩风化。非碳酸盐岩的产物 K^+、Cl^- 在第一因子中表现出较大的相关性，由于河水中这两种离子的含量都很低，根据前文分析，初步认为第一因子中这两种离子主要来源于人为活动。第二因子 Na^+、K^+、SiO_2 的相关性较大，根据前文的流域硅酸盐岩风化过程分析可知，第二因子代表硅酸盐矿物的溶解。第三因子方差贡献率较小，Cl^-、K^+ 相关性较大，由前文分析可知，农业活动钾肥（KCl）的施用等对流域水化学有一定的影响，因此认为第三因子代表农业化肥施用等人为活动的影响。

　　对于来源比较复杂的离子，主成分分析方法具有一定的局限性，但对于具有明确来源的离子分析，主成分分析的结果是可靠的。且由于在数据分析的过程中，由于对各因子的提取只有 90.42%，没有达到 100%，所提取的 3 个因子并不能完全代表 3 个组分（不产生 Si 的人为活动有 SiO_2 的来源），加上实验条件及采样点的单一性等因素会对分析结果产生一定的影响，所以对河水离子来源的分析只是粗略计算的结果，仅代表各类岩石的相对贡献程度大小。

　　为了更准确地了解每一个离子所属的端元，根据河流离子的平衡原理，对主成分分析方法的结果进行校正。将河流中某元素 X 的平衡原理用数学方程表征如下：

$$[X]_{river}=[X]_{carbonate}+[X]_{silicate}+[X]_{evaporite}+[X]_{anthropogenic}+[X]_{cyclic}$$

式中：[ ] —— 离子浓度；

$\qquad$ $[X]_{river}$ —— 河水总离子；

$\qquad$ $[X]_{carbonate}$ —— 碳酸盐岩风化；

$\qquad$ $[X]_{silicate}$ —— 硅酸盐岩风化；

$\qquad$ $[X]_{evaporite}$ —— 蒸发岩风化；

$\qquad$ $[X]_{anthropogenic}$ —— 人为活动；

$\qquad$ $[X]_{cyclic}$ —— 大气降水海盐输入。

根据清水江流域水化学特征及流域主要风化过程，流域离子组成如下式所示：

$$[Cl^-]_{river}=[Cl^-]_{anthropogenic}$$

$$[SO_4^{2-}]_{river}=[SO_4^{2-}]_{anthropogenic}+[SO_4^{2-}]_{sulfide}$$

$$[Na^+]_{river}=[Na^+]_{silicate}+[Na^+]_{anthropogenic}$$

$$[K^+]_{river}=[K^+]_{silicate}+[K^+]_{anthropogenic}$$

$$[Ca^{2+}]_{river}=[Ca^{2+}]_{carbonate}+[Ca^{2+}]_{silicate}$$

$$[Mg^{2+}]_{river}=[Mg^{2+}]_{carbonate}+[Mg^{2+}]_{silicate}$$

$$[SiO_2]_{river}=[SiO_2]_{silicate}$$

由于流域离子来源比较复杂，对河水中可能存在的离子进行分析，根据离子质量平衡原理，每个端元电荷基本平衡[52, 53]。根据清水江流域离子组成及化学风化特征，对各个端元所占比例的计算如下：

（1）人为活动来源端元。人为活动对河水离子的影响主要表现为对 SO_4^{2-}、NO_3^-、F^- 及 Na^+、K^+、Cl^- 的影响，其中 NO_3^-、F^- 及 NH_4^+ 并不是岩石风化的产物，前文分析人为活动对流域河水离子组成有一定影响，扣除大气降水影响后，将其全部归于人为活动端元。由于研究区没有明显的蒸发岩出露，扣除海盐来源后，河水中的 Cl^- 全部来自于人为活动的输入。

（2）硅酸盐端元。硅酸盐岩风化端元的离子主要为 Na^+、K^+ 和 SiO_2。流域河水中的 Na^+、K^+ 浓度较低，扣除人为活动来源的 Na^+、K^+，剩余的 Na^+、K^+ 全部来自于硅酸盐岩的风化。SiO_2 全部来源于硅酸盐风化。河水中 SiO_2 与 Ca^{2+}、Mg^{2+}、HCO_3^- 呈负相关性（$r=-0.35$，$r=-0.38$，$r=-0.35$，$P<0.01$），表明硅酸盐岩对流域河水中 Ca^{2+}、Mg^{2+} 的贡献量很少。扣除海盐输入和人为活动的来源后，硅酸盐岩风化贡献如下式所示：

$$[Na^+]_{silicate} = [Na^+]_{river} + [Na^+]_{anthropogenic}$$

$$[K^+]_{silicate} = [K^+]_{river} + [K^+]_{anthropogenic}$$

$$[Ca^{2+}]_{silicate} = 6.58\%[Ca^{2+}]_{river}$$

$$[Mg^{2+}]_{silicate} = 13.60\%[Mg^{2+}]_{river}$$

$$[SiO_2]_{silicate} = [SiO_2]_{river}$$

（3）碳酸盐岩端元。碳酸盐岩端元离子主要为 Ca^{2+}、Mg^{2+}、HCO_3^-。扣除海盐贡献、人为活动及硅酸盐岩风化的离子，碳酸盐岩风化贡献如下式所示：

$$[Ca^{2+}]_{carbonate} = [Ca^{2+}]_{river} + [Ca^{2+}]_{silicate}$$

$$[Mg^{2+}]_{carbonate} = [Mg^{2+}]_{river} + [Mg^{2+}]_{silicate}$$

3.3.2.2 各组分贡献率计算

主成分分析方法中，每个变量因子载荷的平方除以公共性方差即为每类岩石的溶解对各变量的相对方差贡献率[47]。利用离子平衡原理对主成分分析方法进行校正后，计算得出：碳酸盐对河水中 Ca^{2+}、Mg^{2+}、HCO_3^- 的贡献率分别为 93.42%、86.40%、77.37%。河水中的 SiO_2 全部来自硅酸盐岩风化溶解，与碳酸盐的贡献率相比，硅酸盐对 Ca^{2+}、Mg^{2+} 的贡献率较低，分别为 6.58%、13.60%，对 HCO_3^- 的贡献率为 22.63%，硅酸盐对河水中的 Na^+、K^+ 贡献率较高，分别为 88.22%、81.77%。在碳酸盐风化过程中，50%HCO_3^- 来自碳酸盐岩本身，50%HCO_3^- 来自大气 CO_2，硅酸盐风化过程中，HCO_3^- 全部来自大气 CO_2 或土壤[3]，经过估算，清水江流域 38.69%的 HCO_3^- 来自于碳酸盐岩风化本身，61.31%的 HCO_3^- 来自于碳酸盐岩和硅酸盐岩风化过程中消耗的大气或溶解于水中的 CO_2。

清水江流域各离子组分的贡献率及其与世界其他河流的对比如图 3-14 所示，根据 HCO_3^- 离子数据分析计算得出，大气 CO_2 对清水江流域离子的贡献率为 17.74%，高于黄河流域地区（9.78%），接近于长江干流流域（19.6%），略低于乌江流域地区（23.6%）、赣南流域地区（21.4%）及珠江流域支流西江流域（20.6%）和北江流域（22.3%）；明显低于世界流域均值（37%）、滇中高原西部地区河流龙川江地区（34.9%）及东江流域（39.1%）。人为活动及其他因素的影响为 4.87%，高于世界流域均值（2%），低于黄河流域地区（7.78%）。

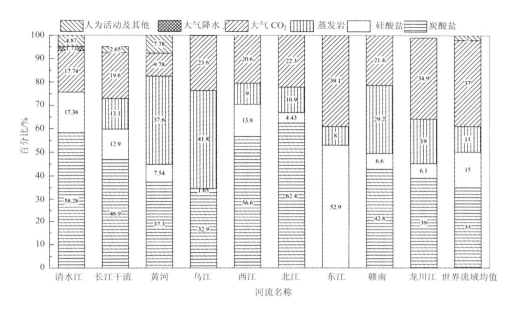

图 3-14　不同岩性和大气对清水江河水化学组成物质的贡献率与其他地区河流比较

　　对比世界河流（图 3-14），清水江流域的显著特点是碳酸盐岩的贡献率较高，碳酸盐岩风化对清水江流域河水的贡献率高达 58.28%，与西江（56.6%）相近，略低于北江（62.4%），明显高于世界河流均值（35%）及以碳酸盐岩风化为主的长江干流（46.9%）及乌江（32.9%），也高于黄河流域（37.3%）、赣南流域（42.8%）及滇中高原西部地区河流龙川江（39%）。硅酸盐岩风化溶解对河水溶质的贡献率为 17.38%，低于以硅酸盐岩风化为主的东江（52.9%），略高于世界河流均值（15%）、长江干流（12.9%）、黄河流域（7.54%）、乌江（1.65%），也高于龙川江（6.1%）、西江（13.8%）、东江（4.43%）及受硅酸盐岩影响显著的赣南小流域（6.6%）。虽然清水江流域上游主要分布碳酸盐岩，中下游主要分布碎屑岩，但由于碳酸盐的风化速率较快，湿热地区流域尺度上的碳酸盐类矿物溶蚀速率是硅酸盐类矿物的 17 倍左右[55, 56]，少量的碳酸盐也会对流域水化学产生重要影响，因此流域水化学特征表现为主要受碳酸盐岩的风化溶解控制，其次为硅酸盐岩。

47

3.3.3 化学风化作用过程中的碳汇效应

根据碳酸盐岩和硅酸盐岩端元风化对流域河水溶质的贡献，计算流域岩石的化学风化速率，并根据流域河水中 HCO_3^- 的含量计算岩石风化过程中大气 CO_2 的消耗量。

3.3.3.1 岩石化学风化速率估算

衡量化学风化作用强弱的物理量是化学风化速率，通过碳酸盐岩、硅酸盐岩风化对河水离子的贡献可以计算流域岩石化学风化速率。岩石化学风化速率（CDR）通常是指单位面积内来自于岩石风化的河流溶解载荷的量，对于受到大气降水和人类活动影响的河流，在估算化学风化速率时要先对这部分来源进行扣除。李晶莹通过对我国主要流域盆地的化学风化速率进行研究，大气 CO_2 对河水中 HCO_3^- 的贡献率占有较大的比例[54]。通常不同的岩石类型，由于其风化的产物不同，所以化学风化速率的计算有所不同，分别表述如下：

$$CDR_{carbonate}=2[Ca^{2+}]_{carbonate}+2[Mg^{2+}]_{carbonate}+1/2[HCO_3^-]_{carbonate} \quad (3.4)$$

$$CDR_{silicate}=[K^+]_{silicate}+[Na^+]_{silicate}+2[Ca^{2+}]_{silicate}+2[Mg^{2+}]_{silicate}+[SiO_2]_{silicate}+2[SO_4^{2-}]_{silicate} \quad (3.5)$$

$$CDR_{evaporite}=[K^+]_{evaporite}+2[Ca^{2+}]_{evaporite}+2[Mg^{2+}]_{evaporite}+2[SO_4^{2-}]_{evaporite}+[Cl^-]_{evaporite} \quad (3.6)$$

式中：CDR_{carb} —— 碳酸盐岩的化学风化速率；

CDR_{sil} —— 硅酸盐岩的化学风化速率；

CDR_{evap} —— 蒸发盐岩的化学风化速率。

对 3 种岩性均存在的流域的化学风化速率的计算公式表示为式（3.7）。

$$CDR=2[Ca^{2+}]_{carbonate}+2[Mg^{2+}]_{carbonate}+1/2[HCO_3^-]_{carbonate}+[K^+]_{silicate}+[Na^+]_{silicate}+$$
$$2[Ca^{2+}]_{silicate}+2[Mg^{2+}]_{silicate}+[SiO_2]_{silicate}+2[SO_4^{2-}]_{silicate}+[K^+]_{evaporite}+2[Ca^{2+}]_{evaporite}+$$
$$2[Mg^{2+}]_{evaporite}+2[SO_4^{2-}]_{evaporite}+[Cl^-]_{evaporite}）Q/A \quad (3.7)$$

式中：CDR —— 流域化学风化速率，t/（km^2·a）；

$[X]_{carbonate}$、$[X]_{silicate}$、$[X]_{evaporite}$ —— 扣除大气降水及人为影响输入后的碳酸盐岩、硅酸盐岩和蒸发盐岩对河流离子 X 的贡献浓度；

Q —— 河流多年平均径流量，m^3/a；

A —— 流域面积，km^2。

清水江流域主要岩石风化过程为碳酸盐岩和硅酸盐岩的风化，硫酸参与了流域岩石风化过程，流域基本不存在蒸发岩风化，本书不做分析计算。根据主成分分析和离子平衡校正，扣除大气降水和人为活动的贡献，结合清水江流域的情况，本书将清水江流域化学风化率公式进行优化，如下所示：

$$CDR_{QC} = 2[Ca^{2+}]_{carbonate} + 2[Mg^{2+}]_{carbonate} + 1/2[HCO_3^-]_{carbonate} \tag{3.8}$$

$$CDR_{QS} = [K^+]_{silicate} + [Na^+]_{silicate} + 2[Ca^{2+}]_{silicate} + 2[Mg^{2+}]_{silicate} + [SiO_2]_{silicate} + 2[SO_4^{2-}]_{silicate} \tag{3.9}$$

$$CDR_{QSJ} = 2[Ca^{2+}]_{carbonate} + 2[Mg^{2+}]_{carbonate} + 1/2[HCO_3^-]_{carbonate} + [K^+]_{silicate} + [Na^+]_{silicate} + 2[Ca^{2+}]_{silicate} + 2[Mg^{2+}]_{silicate} + [SiO_2]_{silicate} + 2[SO_4^{2-}]_{silicate} Q/A \tag{3.10}$$

式中：CDR_{QSJ} —— 流域化学风化速率，$t/(km^2 \cdot a)$；

CDR_{QC} —— 流域碳酸盐风化速率，$t/(km^2 \cdot a)$；

CDR_{QS} —— 流域硅酸盐风化速率，$t/(km^2 \cdot a)$；

$[X]_{carbonate}$、$[X]_{silicate}$、$[X]_{evaporite}$ —— 扣除大气降水及人为影响输入后的碳酸盐岩、硅酸盐岩和蒸发盐岩对河流离子 X 的贡献浓度；

Q —— 河流多年平均径流量，m^3/a；

A —— 流域面积，km^2。

清水江流域多年平均径流量为 355 m^3/s，流域面积为 17 157 km^2，扣除非岩石风化来源，根据式（3.8）、式（3.9）、式（3.10）估算得出清水江流域碳酸盐岩风化速率为 81.67 $t/(km^2 \cdot a)$，硅酸盐岩风化速率为 28.30 $t/(km^2 \cdot a)$，流域岩石化学风化速率为 109.97 $t/(km^2 \cdot a)$（表 3-7），与乌江、西江及长江相似，明显高于以蒸发岩风化为主的黄河流域及以硅酸盐风化为主的赣江、东江流域。虽然清水江流域碳酸盐岩分布比例仅占全流域面积的 32% 左右，但其岩石风化速率却与典型喀斯特河流乌江接近，其主要可能受两个因素的影响：①高植被覆盖率。清水江流域植被覆盖率在 70% 以上，已有研究表明，植被及相关生物会促进岩石风化速率，如 Schwartzman[58]等认为，生物作用下的岩石化学风化速率比裸露岩石区高 100～1 000 倍，甚至更高。②碳酸盐矿物风化速率远高于硅酸盐类矿物。Blum 等[59]和 Jacobson 等[60]对流经喜马拉雅硅酸盐岩的小流域研究发现，尽管在典型硅酸盐岩小流域中的碳酸盐矿物只占大约 1%，但是流域 HCO_3^- 通量的 82%～90%源自溶解速率很快的碳酸盐矿物的风化。根据贵州省区域地质志[61]，清水江流域的碎屑岩含灰岩、凝灰岩，其中灰质的碳酸盐矿物应该是中下游岩石风化的主要贡献组分。

表 3-7 清水江流域岩石化学风化碳汇与其他地区河流比较

来源	岩石化学风化速率/ [t/（km²·a）]	大气 CO_2 消耗率/ [10⁵ mol/（km²·a）]	大气 CO_2 的消耗量/ （10⁹ mol/a）	数据来源
清水江	109.97	7.25	12.45	本书
长江	85	611	1 104	参考文献[39]
乌江	108.3	9.02	79.28	参考文献[54]
黄河	33.6	1.44	108	参考文献[39]
赣江	25.74	4.09	34.13	参考文献[54]
南北盘江	—	0.72～1.37	—	参考文献[56]
西江	101.5	8.32	282.9	参考文献[54]
东江流域	25.02	4.84～4.93	7.65～7.79	参考文献[3]、[54]
全球流域均值	36	2.46	24 000	参考文献[39]

3.3.3.2 化学风化过程中大气 CO_2 消耗

每年由化石燃料燃烧进入大气的 CO_2 约为 54 亿 t 碳，森林退化相当于每年向大气排放 16 亿 t 碳的 CO_2，因此，向大气总的 CO_2 输入为每年 70 亿 t 碳左右[62, 63]。然而，每年大气实际增加的 CO_2 只有 34 亿 t 碳，每年存在 36 亿 t 碳的大气 CO_2 沉降，也就是每年约有 10 亿 t 碳不知去向[64]。在流域面积和岩性固定的情况下，岩石风化碳汇强度还将取决于气候（如温度 T、降水量 P 等）[65-68]、土地利用和覆被变化（影响土壤 CO_2 浓度、有机酸等）[69-71]等环境因素，这些影响因素主要是通过控制流域径流排泄量 Q 和水中溶解无机碳（DIC）的浓度来影响岩石风化强度。在地表化学侵蚀过程中，长期的化学侵蚀持续消耗着大气和土壤中的二氧化碳，岩石风化过程中消耗的大气 CO_2 被转化为 HCO_3^-，随径流进入海洋。因此，流域河水中 HCO_3^- 的含量可以用来估算岩石化学风化过程中消耗的大气 CO_2 量。根据河水 HCO_3^- 含量及流域径流量，计算流域化学风化对大气 CO_2 的消耗，计算公式如式（3.11）所示。

$$F_{river} = Z \times Q \, (X+0.5Y) \tag{3.11}$$

$$F_{car} = Z \times Q \times 0.5Y$$

$$F_{sil} = Z \times Q \times X$$

$$F_{ratio} = Z \times Q \, (X+0.5Y) \, /A \tag{3.12}$$

式中：F_{river} —— 流域岩石风化消耗的大气 CO_2 量；

　　　F_{car} —— 碳酸盐岩风化消耗的大气 CO_2 量；

　　　F_{sil} —— 硅酸盐岩风化消耗的大气 CO_2 量；

　　　F_{ratio} —— 流域岩石风化大气 CO_2 消耗率；

　　　Z —— 河水中 HCO_3^- 的平均浓度，mol/L；

　　　X —— 硅酸盐岩对河水中 HCO_3^- 的贡献率；

　　　Y —— 碳酸盐岩对河水中 HCO_3^- 的贡献率；

　　　Q —— 年均径流量，m^3/a；

　　　A —— 流域面积，km^2。

清水江流域多年平均径流量为 $11.20 \times 10^9 \, m^3$，碳酸根离子含量均值为 1.81 mmol/L，根据式（3.12）的计算方法，计算得出流域大气 CO_2 消耗率为 7.25×10^5 mol/（$km^2 \cdot a$），低于长江流域地区 [611×10^5 mol/（$km^2 \cdot a$）]、乌江流域地区 [9.02×10^5 mol/（$km^2 \cdot a$）] 及西江流域 [8.32×10^5 mol/（$km^2 \cdot a$）]；高于赣江流域 [4.09×10^5 mol/（$km^2 \cdot a$）]、东江流域 [$(4.84 \sim 4.93) \times 10^5$ mol/（$km^2 \cdot a$）] 及鄱阳湖流域 [4.56×10^5 mol/（$km^2 \cdot a$）][52]；远高于全球流域均值 [2.64×10^5 mol/（$km^2 \cdot a$）][75]、亚马孙河 [3.32×10^5 mol/（$km^2 \cdot a$）][76]、黄河流域 [$(1.44 \times 10^5$ mol/（$km^2 \cdot a$）][39] 及以硅酸盐为主的南北盘江 [$(0.72 \sim 1.37) \times 10^5$ mol/（$km^2 \cdot a$）][56]。

清水江流域大气 CO_2 的消耗量为 12.45×10^9 mol/a，其中碳酸盐岩风化消耗量为 7.86×10^9 mol/a，硅酸盐岩风化消耗量为 4.59×10^9 mol/a。远低于长江流域（$1\,104 \times 10^9$ mol/a）、乌江流域（79.28×10^9 mol/a）、黄河流域（108×10^9 mol/a）、西江流域（282.9×10^9 mol/a）及世界流域均值（$24\,000 \times 10^9$ mol/a）；与赣江流域地区（34.13×10^9 mol/a）较为接近，略高于东江流域地区 [$(7.65 \sim 7.79) \times 10^9$ mol/a]，是全球流域风化碳汇的一个重要组成部分。

3.4 本章小结

（1）清水江流域丰水期 pH 平均为 8.00，河水 pH 呈中性偏弱碱性，部分地方偏弱酸性。流域溶解氧（DO）变化范围介于 3.30～12.84 mg/L 之间，平均值为 8.27 mg/L，枯水期溶解氧的含量高于丰水期。流域水体 TDS 质量浓度变化较大，介于 35.29～740.90 mg/L 之间，平均值为 217.50 mg/L，样品差异性较大，大于一个数量级，枯水期大于丰水期。

（2）清水江流域阳离子浓度依次为 $Ca^{2+}>Mg^{2+}>Na^+>K^+$，阴离子浓度变化为 $HCO_3^->SO_4^{2-}>Cl^->NO_3^->F^-$。流域水化学类型分布具有一定的季节性差异，丰水期流域水化学类型主要为 $Ca—HCO_3$ 型水；枯水期上游地区人为活动比较丰富的地区水化学类型由 $Ca—HCO_3$ 型水转变为 $Ca—SO_4^{2-}$ 型水。

（3）清水江干流、支流主要离子组成与整个流域离子组成相似，Ca^{2+} 和 Mg^{2+} 为优势阳离子，HCO_3^- 和 SO_4^{2-} 为优势阴离子。支流流域 SiO_2 含量明显高于干流流域。受环境酸化的影响，枯水期 pH 和 HCO_3^- 浓度有所降低，Ca^{2+}、SO_4^{2-} 相对增加。

（4）不同时期，流域主要离子浓度含量不同，但河水离子组成季节变化较小，受丰水期降雨及冬季蒸发浓缩的影响，丰水期离子平均浓度略低于枯水期。同一时期，流域上游、中下游支流的阴阳离子总浓度区域差异较大，总体表现为上游流域较高，从上游至下游，离子浓度逐渐降低。清水江上游主要为碳酸盐地区，中下游流域为碎屑岩地区，表明流域河水水化学特征主要受流域地质背景影响。

（5）通过海盐校正的方法对清水江流域大气降水贡献进行计算，结果显示，大气降水对清水江流域河水溶质贡献率为 1.73%，雨水海盐输入对研究区河水溶质的贡献很小。

（6）通过对流域 SO_4^{2-}、NO_3^-、F^- 含量的空间变化及时间变化对比分析及 TDS 和 Cl^-/Na^+ 比值分析，结果表明，人为活动对清水江流域河水溶质有一定影响，上游受工矿企业和城镇影响明显，从中游至下游，人为活动影响逐渐减弱。

（7）通过 Gibbs 图分析，清水江流域水化学特征主要受到岩石风化控制。通过阴阳离子三角图、流域 $Mg^{2+}/Na^+—Ca^{2+}/Na^+$ 及 $HCO_3^-/Na^+—Ca^{2+}/Na^+$ 的关系及（$Ca^{2+}+Mg^{2+}$）/（Na^++K^+）当量比值分析得出，清水江流域主要岩石风化类型为碳酸盐岩及硅酸盐岩的化学风化。

（8）相关性较好的离子通常具有相同的来源或经历了相同的化学反应过程。通过清水江流域河水离子的相关性分析，流域 Ca^{2+}、Mg^{2+}、HCO_3^- 主要来自于碳酸盐岩的风化溶解，流域碳酸盐岩风化过程主要是白云岩和灰岩的风化溶解，硫酸参与了流域碳酸盐岩风化。Na^+、K^+、SiO_2 主要来自于硅酸盐岩风化溶解，有部分 Na^+、K^+ 和 Cl^- 来自于人为活动输入，流域硅酸盐的风化过程主要是钠长石、钾长石、高岭石、水铝矿等硅酸盐矿物的风化，支流硅酸盐岩风化强度高于干流。

（9）通过主成分分析，将流域风化过程中的影响因素分为碳酸盐岩风化、硅酸盐岩风化及人为活动的影响。通过离子平衡原理对主成分分析方法进行校正，根据校正结果估算得出三类因子及大气 CO_2 对流域离子的相对贡献率。计算结果为：碳酸盐岩风化对清水江流域河水总溶解物质的贡献率为 58.28%，硅酸盐岩风化对研究区河水总离子贡献率为 17.38%，大气 CO_2 对研究区河水总离子贡献率为 17.74%，人为活动贡献率为 4.87%。

（10）利用三大岩性对河水的相对贡献率对流域化学风化率进行估算，得出清水江流域的平均化学风化率为 109.97 t/（km^2·a），其中碳酸盐岩风化速率为 81.67 t/（km^2·a），硅酸盐岩风化速率为 28.30 t/（km^2·a），高植被覆盖率及硫酸对流域化学风化速率有一定影响。岩石化学风化对流域大气 CO_2 的消耗量为 12.45×10^9 mol/a，大气 CO_2 消耗率为 7.25×10^5 mol/（km^2·a）。

参考文献

[1] 何敏. 小流域风化剥蚀作用及碳侵蚀通量的初步研究[D]. 昆明：昆明理工大学，2009.

[2] 肖琼，沈立成，杨雷，等. 西南喀斯特流域风化作用季节性变化研究[J]. 环境科学，2012，33（4）：1122-1128.

[3] 解晨骥，高全洲，陶贞，等. 东江流域化学风化对大气 CO_2 的吸收[J]. 环境科学学报，2013，33（8）：2123-2133.

[4] 陈静生，夏星辉，蔡绪贻. 川贵地区长江干支流河水主要离子含量变化趋势及分析[J]. 中国环境科学，1998，18（2）：131-135.

[5] 赵晓韵，李金娟，孙哲，等. 贵州典型酸雨城市大气降水化学组成特征[J]. 地球与环境，2014（3）：316-321.

[6]　陈静生，王飞越，夏星辉. 长江水质地球化学[J]. 地学前缘，2006，13（1）：74-85.

[7]　李甜甜，季宏兵，江用彬，等. 赣江上游河流水化学的影响因素及 DIC 来源[J]. 地理学报，2007，62（7）：764-775.

[8]　Grosbois C，Négrel P，Grimaud D. An overview of dissolved and suspended matter fluxes in the Loire river basin：natural and anthropogenic inputs[J]. Aquatic Geochemistry，2001，7（2）：81-105.

[9]　唐红忠，黄晓俊，黄桂东. 贵州省黔南地区可利用降水资源的气候变化特征分析[J]. 云南地理环境研究，2012，24（4）：73-77.

[10]　肖红伟，肖化云，王燕丽. 贵阳大气降水化学特征及来源分析[J]. 中国环境科学，2010，30（12）：1590-1596.

[11]　Gaillardet J，Dupre B，Allegre C J，et al. Chemical and physical denudation in the Amazon River Basin[J]. Chemical Geology，1997，142（3）：141-173.

[12]　Stallard R F，Edmond J M. Geochemistry of the Amazon：1. Precipitation chemistry and the marine contribution to the dissolved load at the time of peak discharge[J]. Journal of Geophysical Research Atmospheres，1981，86（C10）：9844-9858.

[13]　Negrel P，Allègre C J，Dupré B，et al. Erosion sources determined by inversion of major and trace element ratios and strontium isotopic ratios in river water：the Congo Basin case [J]. Earth and Planetary Science Letters，1993，120（1）：59-76.

[14]　王鹏，尚英男，沈立成，等. 青藏高原淡水湖泊水化学组成特征及其演化[J]. 环境科学，2013（3）：874-881.

[15]　Gaillardet J，Dupré B，Louvat P，et al. Global silicate weathering and CO_2 consumption rates deduced from the chemistry of large rivers[J]. Chemical Geology，1999，159（1）：3-30.

[16]　张超，高全洲，陶贞，等. 粤东五华河流域的化学风化与 CO_2 吸收[J]. 湖泊科学，2013，25（2）：250-258.

[17]　胡春华，周文斌，夏思奇. 鄱阳湖流域水化学主离子特征及其来源分析[J]. 环境化学，2011，30（9）：1620-1626.

[18]　王兵，李心清，袁洪林，等. 黄河下游地区河水主要离子和锶同位素的地球化学特征[J]. 环境化学，2009，28（6）：876-882.

[19]　马谦，杨星宇，徐浩，等. 福泉地区磷化工对清水江的污染及其治理对策[J]. 贵州化工，2004，29（4）：31-34.

[20] 段然，曾理，吴泫翰，等. 清水江流域水质污染现状评价及趋势分析[J]. 环保科技，2012，18（3）：23-27.

[21] 吴起鑫，韩贵琳，陶发祥，等. 西南喀斯特农村降水化学研究：以贵州普定为例[J]. 环境科学，2011，32（1）：26-32.

[22] Han G，Liu C-Q. Strontium isotope and major ion chemistry of the rainwaters from Guiyang，Guizhou Province，China.[J]. Science of the total environment，2006，364（1）：165-174.

[23] 王鹏，尚英男，沈立成，等. 青藏高原淡水湖泊水化学组成特征及其演化[J]. 环境科学，2013，34（3）：874-881.

[24] Gibbs R J. Mechanisms controlling world water chemistry [J]. Science（New York，N.Y.），1970，170（3962）：1088-1090.

[25] 解晨骥，高全洲，陶贞. 流域化学风化与河流水化学研究综述与展望[J]. 热带地理，2012，32（4）：331-337，356.

[26] 侯昭华. 青海湖流域水化学主离子特征及控制因素初探[J]. 地球与环境，2009，37（1）：11-19.

[27] 陈静生，王飞越，何大伟. 黄河水质地球化学[J]. 地学前缘，2006，13（1）：58-73.

[28] 韩贵琳，刘丛强. 贵州乌江水系的水文地球化学研究[J]. 中国岩溶，2000，19（1）：37-45.

[29] 陈静生，王飞越，夏星辉. 长江水质地球化学[J]. 地学前缘，2006，13（1）：74-85.

[30] 朱秉启，杨小平. 塔克拉玛干沙漠天然水体的化学特征及其成因[J]. 科学通报，2007，52（13）：1561-1566.

[31] 鞠建廷，朱立平，汪勇，等. 藏南普莫雍错流域水体离子组成与空间分布及其环境意义[J]. 湖泊科学，2008，20（5）：591-599.

[32] Ahmad T，Khanna P P，Chakrapani G J，et al. Geochemical characteristics of water and sediment of the Indus river，Trans-Himalaya，India：constraints on weathering and erosion [J]. Journal of Asian Earth Sciences，1998，16（2）：333-346.

[33] 王新平. 乌江流域水化学特征、风化过程中 CO_2 的消耗及水质变化趋势的初探[D]. 北京：首都师范大学，2008.

[34] 覃小群，刘朋雨，黄奇波，等. 珠江流域岩石风化作用消耗大气/土壤 CO_2 量的估算[J]. 地球学报，2013，34（4）：455-462.

[35] Lerman A，Wu L L，Mackenzie F T. CO_2 and H_2SO_4 consumption in weathering and material transport to the ocean，and their role in the global carbon balance[J]. Marine Chemistry，2007，106（1-2）：

326-350.

[36] 黄来明, 张甘霖, 杨金玲. 亚热带典型花岗岩小流域径流化学特征与化学风化[J]. 环境化学, 2012, 31（7）: 973-980.

[37] 李军, 刘丛强, 李龙波, 等. 硫酸侵蚀碳酸盐岩对长江河水 DIC 循环的影响[J]. 地球化学, 2010, 39（4）: 305-313.

[38] Li S, Lu X X, He M, et al. Major element chemistry in the upper Yangtze River: A case study of the Longchuanjiang River[J]. Geomorphology, 2011, 129（1）: 29-42.

[39] 李晶莹, 张经. 黄河流域化学风化作用与大气 CO_2 的消耗[J]. 海洋地质与第四纪地质, 2003, 23 （2）: 43-49.

[40] Li S L, Liu C Q, Li J, et al. Geochemistry of dissolved inorganic carbon and carbonate weathering in a small typical karstic catchment of Southwest China: Isotopic and chemical constraints[J]. Chemical Geology, 2010, 277（3）: 301-309.

[41] Li S L, Calmels D, Han G, et al. Sulfuric acid as an agent of carbonate weathering constrained by $^{13}C_{DIC}$: Examples from Southwest China[J]. Earth and Planetary Science Letters, 2008, 270（3）: 189-199.

[42] 刘丛强, 蒋颖魁, 陶发祥, 等. 西南喀斯特流域碳酸盐岩的硫酸侵蚀与碳循环[J]. 地球化学, 2008, 37（4）: 404-414.

[43] Başak B, Alagha O. The chemical composition of rainwater over Büyükçekmece Lake, Istanbul[J]. Atmospheric Research, 2004, 71（4）: 275-288.

[44] 王亚平, 王岚, 许春雪, 等. 长江水系水文地球化学特征及主要离子的化学成因[J]. 地质通报, 2010, 29（2）: 446-456.

[45] Han G L, Liu C Q. Strontium isotope and major ion chemistry of the rainwaters from Guiyang, Guizhou Province, China[J]. Science of the Total Environment, 2006, 364（1）: 165-174.

[46] 李晶莹, 张经. 中国主要流域盆地风化剥蚀率的控制因素[J]. 地理科学, 2003（4）: 434-440.

[47] 孙媛媛, 季宏兵, 罗建美, 等. 赣南小流域的水文地球化学特征和主要风化过程[J]. 环境化学, 2006, 25（5）: 550-557.

[48] Huh Y, Tsoi M, Zaitsev A, et al. The fluvial geochemistry of the rivers of Eastern Siberia: I. Tributaries of the Lena River draining the sedimentary platform of the Siberian Craton[J]. Geochimica et Cosmochimica Acta, 1998, 62（10）: 1657-1676.

[49] 孙媛媛. 亚热带小流域水文地球化学特征及风化过程中 CO_2 的消耗[D]. 北京：首都师范大学，2006.

[50] Huh Y，Panteleyev G，Babich D，et al. The fluvial geochemistry of the rivers of Eastern Siberia：II. Tributaries of the Lena，Omoloy，Yana，Indigirka，Kolyma，and Anadyr draining the collisional/accretionary zone of the Verkhoyansk and Cherskiy ranges [J]. Geochimica et Cosmochimica Acta，1988，62（12）：2053-2075.

[51] 王立军. 赣江流域与乌江流域溶解态硅的生物地球化学特征及其控制因素[D]. 北京：首都师范大学，2009.

[52] 翟大兴，杨忠芳，柳青青，等. 鄱阳湖流域岩石化学风化特征及 CO_2 消耗量估算[J]. 地学前缘，2011，18（6）：169-181.

[53] Moon S，Huh Y，Qin J，et al. Chemical weathering in the Hong（Red） River basin：Rates of silicate weathering and their controlling factors[J]. Geochimica et Cosmochimica Acta，2007，71（6）：1411-1430.

[54] 李晶莹. 中国主要流域盆地的风化剥蚀作用与大气 CO_2 的消耗及其影响因子研究[D]. 青岛：中国海洋大学，2003.

[55] Mortatti J，Probst J L. Silicate rock weathering and atmospheric/soil CO_2 uptake in the Amazon basin estimated from river water geochemistry：seasonal and spatial variations[J]. Chemical Geology，2003，197（1-4）：177-196.

[56] White A F，Schulz M S，Lowenstern J B，et al. The ubiquitous nature of accessory calcite in granitoid rocks：Implications for weathering，solute evolution，and petrogenesis[J]. Geochimica et Cosmochimica Acta，2005，69（6）：1455-1471.

[57] Liu X. Chemical weathering in the upper reaches of Xijiang River draining the Yunnan-Guizhou Plateau，Southwest China[J]. Chemical Geology，2007，239（1）：83-95.

[58] Schwartzman D W，Volk T. Biotic enhancement of weathering and the habitability of Earth[J]. Nature，1989，340（6233）：457-460.

[59] Blum J D，Gazis C A，Jacobson A D，et al. Carbonate versus silicate weathering in the Raikhot watershed within the High Himalayan Crystalline Series[J]. Geology，1998，26（5）：411-414.

[60] Jacobson A D，Blum J D，Walter L M. Reconciling the elemental and Srisotope composition of Himalayan weathering fluxes：insights from the carbonate geochemistry of stream waters[J].

Geochimica et Cosmochimica Acta，2002，66（19）：3417-3429.

[61] 贵州省地质矿产局. 贵州省区域地质志[M]. 北京：地质出版社，1987.

[62] 刘再华. 大气 CO_2 两个重要的汇[J]. 科学通报，2000，45（21）：2348-2351.

[63] Quay P D，Tilbrook B，Wong C. Oceanic uptake of fossil fuel CO_2：Carbon-13 evidence[J]. Science，1992，256（5053）：74-79.

[64] Siegenthaler U，Sarmiento J L.Atmospheric carbon dioxide and the ocean[J]. Nature，1993，365（6442）：119-125.

[65] White A F，Blum A B. Effects of climate on chemical weathering in watersheds[J]. Geochimica et Cosmochimica Acta，1995，9（59）：1729-1747.

[66] Riebe C S，Kirchner J W，Finkel R C. Erosional and climatic effects on long-term chemical weathering rates in granitic landscapes spannin diverse climate regimes[J]. Earth and Planetary Science Letters，2004，224（3-4）：547-556.

[67] Cai W，Guo X，Chen C A，et al. A comparative overview of weathering intensity and HCO_3^- flux in the world's major rivers with emphasis on the Changjiang，Huanghe，Zhujiang（Pearl） and Mississippi Rivers[J]. Continental Shelf Research，2008，28（12）：1538-1549.

[68] Gislason S R，Oelkers E H，Eiriksdottir E S，et al. Direct evidence of the feedback between climate and weathering[J]. Earth and Planetary Science Letters，2009，277（1-2）：213-222.

[69] Liu Z，Zhao J. Contribution of Carbonate Rock Weathering to the Atmospheric CO_2 Sink[J]. Environmental Geology，2000（39）：1053-1058.

[70] Robert A B. Weathering，plants，and the long-term carbon cycle[J]. Geochimica et Cosmochimica Acta，1992，56（8）：3225-3231.

[71] Jackson T A，Drever I J. The effect of land plants on weathering rates of silicate minerals[J]. Geochimica et Cosmochimica Acta，1996，4（60）：725.

[72] 刘再华. 岩石风化碳汇研究的最新进展和展望[J]. 科学通报，2012，57（Z1）：95-102.

[73] 高全洲，沈承德，孙彦敏，等. 珠江流域的化学侵蚀[J]. 地球化学，2001，30（3）：223-230.

[74] 刘建栋，胡泓，张龙军. 流域化学风化作用的碳汇机制研究进展[J]. 土壤通报，2007，38（5）：998-1002.

[75] Roy S，Gaillardet J，Allègre C J. Geochemistry of dissolved and suspended loads of the Seine river，France：anthropogenic impact，carbonate and silicate weathering[J]. Geochimica et Cosmochimica

Acta，1999，63（9）：1277-1292.

[76] Mortatti J P J L. Silicate rock weathering and atmospheric/soil CO_2 uptake in the Amazon basin estimated from river water geochemistry：seasonal and spatial variations[J]. Chemical Geology，2003，197（1）：177-196.

第 *4* 章
清水江流域水环境质量及其富营养化分析

4.1 水环境因子污染特征分析

4.1.1 清水江流域环境因子年际变化分析

选用 2006—2013 年连续 8 年在 4 个监测断面上 TP、NH_3-N、氟化物这三项水质监测数据，其中 2006—2011 年的数据来源于段然等[1]发表的文章，2012 年、2013 年的数据来源于黔东南环境监测站和本书数据。选取的 4 个监测断面分别是兴仁桥断面、重安江大桥断面、旁海断面、白市断面。

由图 4-1 可知，2006—2013 年清水江流域 4 个监测断面上的 TP、NH_3-N、氟化物的浓度总体上是呈下降的趋势，除了流域本身有一定的自净作用外，主要原因还在于"十一五""十二五"以及"污染防治规划"期间各地州市环保局狠抓污染治理及监督企业污染排放工作。2013 年 4 个监测断面 TP 的平均值为 3.18 mg/L，为《地表水环境质量标准》V 类水标准的 7.95 倍；NH_3-N 的平均值为 0.34 mg/L，达到了《地表水环境质量标准》II 类水标准；氟化物的平均值为 0.66 mg/L，达到了《地表水环境质量标准》III 类水标准。与 2006 年相比，TP、NH_3-N、氟化物总体下降率分别达到了 67.25%、50.65% 和 67.10%，由此可知，清水江流域的水质得到了很大程度的改善，但是 TP 的含量依然很高，需要进一步防治。

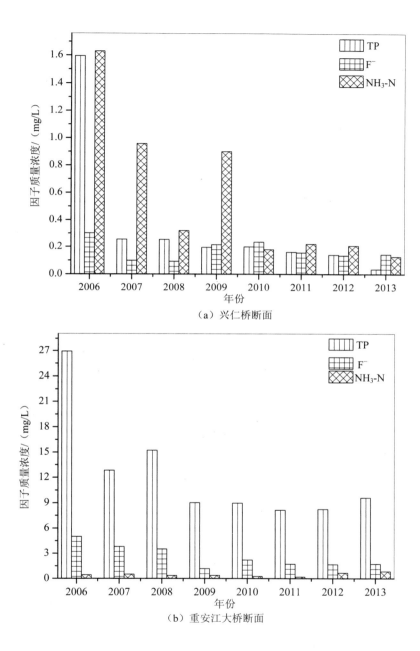

（a）兴仁桥断面

（b）重安江大桥断面

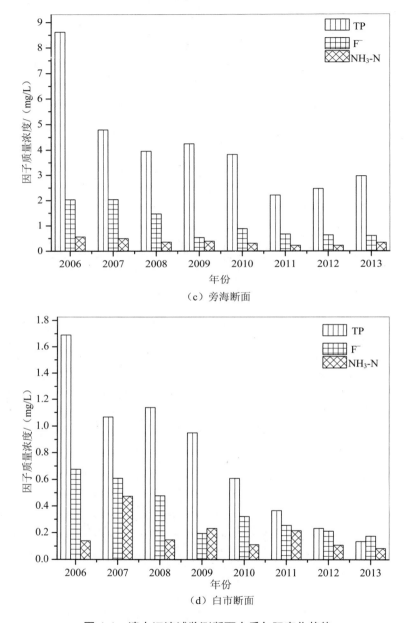

（c）旁海断面

（d）白市断面

图 4-1　清水江流域监测断面水质年际变化趋势

4.1.2　清水江流域环境因子年内变化趋势分析

由于此次分析既要考虑每个断面的各项指标的年内变化，又要考虑每个断面整体的年内变化，故采用综合污染指数（CPI）法中的代数叠加法对清水江流域的季节变化进行分析，具体的分析方法如下：

$$P = \sum_{i=1}^{n} P_i, P_i = c_i / c_o$$

式中：P —— 综合污染指数；

$\sum P_i$ —— 某类污染物分指数；

c_i —— 某污染物的实测浓度；

c_o —— 某污染物的Ⅲ类地表水评价标准[2]。

根据黔东南州环保局提供的数据以及水体的具体情况，选取氟化物、NH$_3$-N、TN和 TP 作为评价因子，通过计算，得到 4 个监测断面的季度污染分指数和 CPI（图 4-2）。

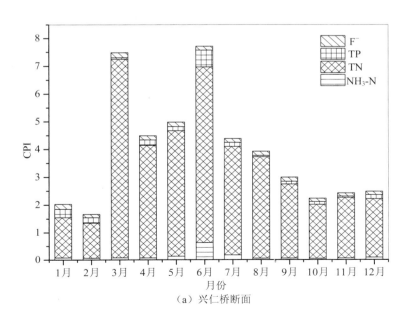

（a）兴仁桥断面

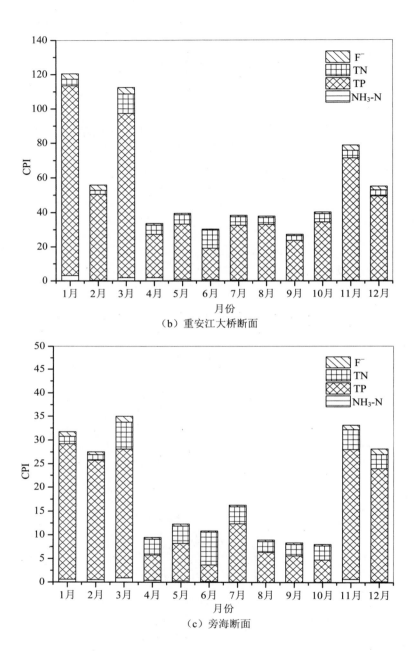

（b）重安江大桥断面

（c）旁海断面

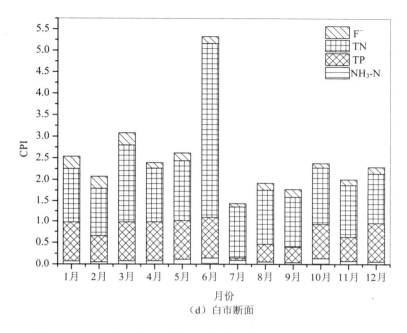

（d）白市断面

图 4-2　清水江流域监测断面水质季节变化趋势（数据来源于黔东南州环境监测站）

由图 4-2 可知，在兴仁桥断面和白市断面上春夏季即清水江流域的丰水期污染相对严重，而在重安江大桥断面和旁海断面上秋冬季即清水江流域的枯水期污染相对严重。故清水江流域整体的污染可能受季节波动较大，且不同断面的污染程度受季节的影响不同。清水江流域的支流重安江位于大型磷化工基地福泉市附近，而由图 4-2 可知，重安江总磷和氟化物的污染最严重的季节均是在冬季的 1 月，故冬季可能是磷化工基地排污的最强时期，因而此次枯水期采样时间选取在 1 月很适合。

4.1.3　清水江流域丰水期、枯水期污染特征分析

4.1.3.1　清水江流域营养盐变化趋势分析

清水江流域各指标的分析结果见表 4-1。由表 4-1 可知，清水江流域各个指标的变化范围较大，其中清水江流域枯水期表层的平均水温为 11.32℃；丰水期的平均水温为 26.03℃。对照《地表水环境质量标准》（GB 3838—2002）基本指标标准限值，从单项指标来看，

清水江流域 TP 丰水期达标率为 70.27%，枯水期达标率显著减少，只达到 48.65%，变异系数分别为 229% 和 231%。TN 达标率仅达到 24.31% 和 29.73%，变异系数为 75% 和 131%。NH_3-N 的达标率明显比 TN 要高，分别为 91.89% 和 89.19%，变异系数为 231% 和 291%。氟化物除少数几个采样点外，基本均能达标，达标率为 97.30% 和 91.89%，其变异系数分别为 115% 和 166%。COD 无论是在丰水期还是枯水期均全部达标，其变异系数为 55% 和 56%。而 DO 在丰水期时有 4 个采样点没有达标，其达标率为 89.19%，而在枯水期时全部达标。根据《地表水环境质量标准》（GB 3838—2002），水体正常的 pH 范围介于 6～9 之间，清水江流域 pH 的达标率为 83.78% 和 97.30%，丰水期的平均值为 8.02，枯水期时的平均值为 7.87，说明清水江流域整体呈弱碱性。

4.1.3.2 清水江其他评价因子变化趋势分析

（1）氮元素变化趋势分析。由图 4-3 可知，清水江流域 TN 质量浓度年平均值为 2.36 mg/L，超过《地表水环境质量标准》（GB 3838—2002）中的 V 类水标准，NH_3-N 质量浓度年平均值为 0.53 mg/L。在时间分布上看，丰水期干流上 TN 的浓度略高于枯水期，说明清水江流域总氮的污染主要来源于面源污染。而丰水期较枯水期高的主要原因在于丰水期降水量增多，冲刷土壤中积累的营养盐，也可能冲击河底沉积物，使已经沉淀的沉积物中的营养盐又再度释放出来[3]。在支流重安江上则明显表现为枯水期高于丰水期，说明重安江有点源污染的贡献。NH_3-N 浓度在兴仁桥断面（1 号）到施洞（5 号）之间的河段表现为枯水期高于丰水期，但在施洞（5 号）之后均是丰水期高于枯水期，说明此河段的 NH_3-N 以点源污染为主，事实上此河段集中在都匀、凯里等城市附近，城镇和生活污水的排放是其主要的点源污染来源。

清水江流域 TN 和 NH_3-N 质量浓度随空间变化趋势显著，均表现为上游＞中游＞下游，其中，上游 TN 质量浓度为 2.69～5.26 mg/L，NH_3-N 质量浓度为 0.14～0.85 mg/L；中游 TN 质量浓度为 2.25～3.10 mg/L，NH_3-N 质量浓度为 0.20～0.74 mg/L；下游 TN 质量浓度为 1.21～2.10 mg/L，NH_3-N 质量浓度为 0.04～0.35 mg/L。而支流重安江受氮污染最为严重，重安江丰水期 3 个采样点的 TN 和 NH_3-N 的平均质量浓度分别为 6.43 mg/L 和 2.97 mg/L，为《地表水环境质量标准》中 V 类水标准的 3 倍和 1.5 倍；枯水期 TN 和 NH_3-N 的平均质量浓度分别为 9.93 mg/L 和 3.87 mg/L，为《地表水环境质量标准》中 V 类水标准的 5 倍和 2 倍。清水江流域氮污染主要受上游地区氮肥企业排放的工业废水的影响，除此之外，农业污染、水生作用、底泥内源释放等对其含量也有影响。

表 4-1　清水江流域各指标质量浓度变化范围

河流	水期	温度/°C	COD$_{Cr}$/(mg/L)	pH	DO/(mg/L)	氟化物/(mg/L)	TN/(mg/L)	NH$_3$-N/(mg/L)	TP/(mg/L)
干流	丰水期	21.70~30.60	0.4~8.4	6.0~9.4	4.98~12.30	0.04~0.29	1.15~6.24	0.04~2.29	0.01~3.67
	枯水期	8.20~16.00	0.70~17.10	7.60~8.60	6.88~12.84	0.07~0.66	1.09~4.48	0.023~1.58	0.025~2.09
大河	丰水期	24.10	5.80	8.30	7.65	0.11	2.05	0.07	0.00
	枯水期	8.50	8.70	8.20	11.10	0.14	0.41	0.08	0.02
羊昌河	丰水期	24.30	7.10	8.10	7.06	0.15	2.85	0.20	0.00
	枯水期	9.40	3.40	8.20	10.33	0.024	0.85	0.15	0.00
重安江	丰水期	24.40~25.70	1.8~3.1	7.6~8.2	7.80	0.911~1.066	5.023~7.972	0.13~7.89	5.76~10.42
	枯水期	10.30~10.80	10.00~14.00	7.80~7.90	8.64~10.21	1.04~2.99	6.76~15.36	1.35~8.78	7.17~12.99
丰龙河	丰水期	23.30	0.40	8.20	7.60	0.11	4.39	0.23	1.33
	枯水期	10.80	0.70	8.70	12.10	0.49	2.58	0.23	0.38
巴拉河	丰水期	26.00~26.10	3.10	7.7~8.8	5.56~9.28	0.06~1.12	0.10~0.49	0.012~0.038	0.011~0.027
	枯水期	7.76~8.10	2.0~11.8	7.8~8.1	10.25~10.64	0.017~0.029	0.824~1.238	0.101~0.127	0.015~0.025
台江河	丰水期	26.30	5.80	7.80	6.91	0.08	0.72	0.16	0.02
	枯水期	9.07	6.00	9.10	10.59	0.01	0.29	0.08	0.00
密翁河	丰水期	28.40	7.10	8.10	7.05	0.08	0.63	0.26	0.08
	枯水期	14.40	7.40	7.60	7.82	0.02	1.18	0.10	0.57

河流	水期	温度/℃	COD$_{Cr}$/(mg/L)	pH	DO/(mg/L)	氟化物/(mg/L)	TN/(mg/L)	NH$_3$-N/(mg/L)	TP/(mg/L)
太拥河	丰水期	27.60	3.10	7.90	7.08	0.08	0.79	0.10	0.01
	枯水期	8.70	3.40	7.30	10.85	0.00	0.27	0.00	0.00
乌下河	丰水期	28.40	11.10	7.50	4.75	0.14	0.16	0.01	0.02
	枯水期	15.60	19.80	7.10	5.62	0.10	0.33	0.15	0.16
六洞河	丰水期	24.60~26.90	1.80~3.10	7.30~8.30	5.38~7.75	0.24~0.87	0.29~0.93	0.04~0.51	0.02~0.04
	枯水期	8.60~8.70	3.30~8.60	7.50~7.90	10.71~11.28	0.04~0.06	0.51~1.24	0.05~0.10	0.02~0.03
亮江	丰水期	26.60~28.60	3.10	7.30~8.30	4.06~8.23	0.07~0.31	1.38~1.61	0.23~0.39	0.02~0.03
	枯水期	8.00~8.90	7.30~13.20	7.70~7.70	10.43~10.44	0.03~0.03	0.58~0.66	0.08~0.10	0.02
鉴江	丰水期	25.60~26.00	3.10~4.50	7.20~7.40	3.30~5.55	0.05~0.35	1.47~2.31	0.26~0.29	0.06
	枯水期	9.80~10.50	8.60~11.80	7.50~7.60	7.96~9.12	0.09~0.10	1.26~1.32	0.26~0.36	0.04~0.05
对江河	丰水期	27.10	4.40	7.80	7.20	0.41	1.73	0.01	.02
	枯水期	9.60	11.80	8.00	11.16	0.07	0.37	0.00	0.02

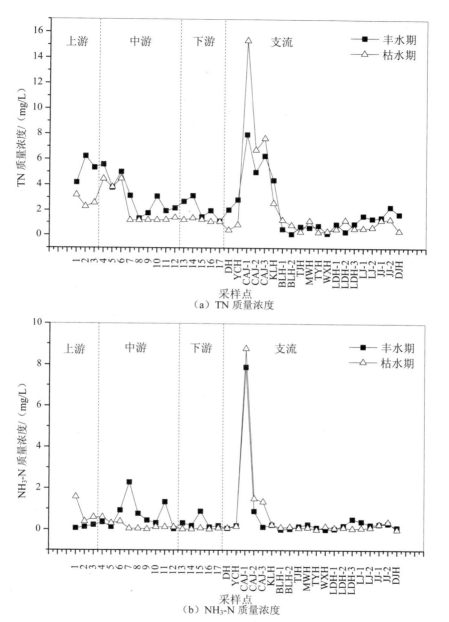

（a）TN 质量浓度

（b）NH₃-N 质量浓度

DH—大河；YCH—羊昌河；CAJ—重安江；KLH—卡拉河；BLH—巴拉河；TJH—台江河；MWH—密翁河；

TYH—太拥河；WXH—乌下河；LDH—六洞河；LJ—亮江；JJ—鉴江；DJH—对江河

图 4-3   清水江流域各采样点及支流氮元素质量浓度分布

（2）磷元素变化趋势分析。由图 4-4 可知，清水江流域 TP 的平均质量浓度为 0.80 mg/L，达到《地表水环境质量标准》（GB 3838—2002）中的 V 类水标准的 2 倍。两者有明显的时空分布差异，在时间分布上看，两者质量浓度随时间的变化趋势基本一致。干流上旁海（4 号）、施洞（5 号）、剑河（6 号）、柳川（7 号）4 个采样点 TP 和 PO_4-P 质量浓度丰水期均高于枯水期，在柳川（7 号）之后则表现为枯水期高于丰水期。封治水库（11 号、12 号）、远口水库（15 号）上的 TP 和 PO_4-P 枯水期明显高于丰水期，其中封治水库坝上、坝下（11 号、12 号）TP 的质量浓度枯水期是丰水期的 5 倍和 4 倍，远口水库（15 号）TP 的质量浓度枯水期是丰水期的 10 倍。支流上重安江 TP 和 PO_4-P 质量浓度枯水期明显高于丰水期，由此可知，重安江磷污染主要来源于点源污染，而其他支流质量浓度在丰水期和枯水期均很接近。

清水江流域 TP 和 PO_4-P 在空间分布上的变化规律也较为一致，表现为中游＞下游＞上游，上游 TP 和 PO_4-P 的年平均质量浓度分别为 0.04 mg/L 和 0.03 mg/L；在中游达到 1.10 mg/L 和 1.05 mg/L，这主要由于支流重安江的汇入导致中游磷元素的含量较高；而在下游降为 0.35 mg/L 和 0.33 mg/L，说明清水江流域通过植物吸收、微生物降解以及沉积物吸附等一系列的自然净化机制能使水体有一定程度自净作用，从而能有效地截留来自上游流域的污染物[4, 5]。其中磷元素污染最严重的是支流重安江，丰水期 TP 的质量浓度为 7.70 mg/L，达到《地表水环境质量标准》中 V 类水标准的 19 倍；枯水期 TP 质量浓度为 9.96 mg/L，达到《地表水环境质量标准》中 V 类水标准的 25 倍。分析其原因可能主要在于重安江受纳了大型磷化工基地福泉市的工业和城镇废水以及工业固废渣场水溶性磷的渗漏进入地下水体，进而流入清水江流域。

由图 4-5 可知，清水江流域丰水期和枯水期 PO_4-P/TP 的平均值分别为 0.81 和 0.73，就形态而言，清水江流域磷元素主要以 PO_4-P 的形态存在。与天津市北运河的磷元素主要受农业污染为主不同[6]，清水江流域磷的污染主要为磷矿的污染，生活污染和农业污染较少。

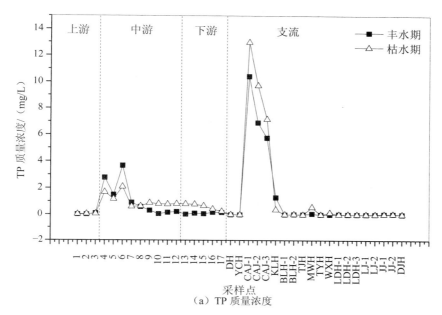

（a）TP 质量浓度

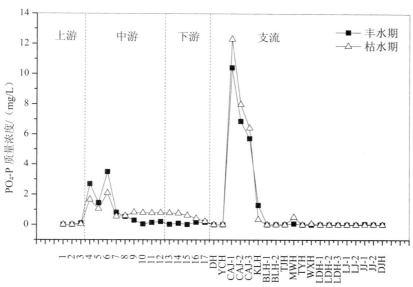

（b）PO₄-P 质量浓度

DH—大河；YCH—羊昌河；CAJ—重安江；KLH—卡拉河；BLH—巴拉河；TJH—台江河；MWH—密翁河；
TYH—太拥河；WXH—乌下河；LDH—六洞河；LJ—亮江；JJ—鉴江；DJH—对江河

图 4-4　清水江流域各采样点及支流磷元素质量浓度分布

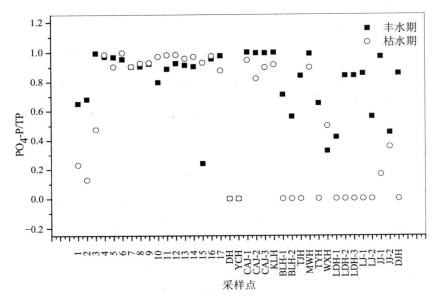

DH—大河；YCH—羊昌河；CAJ—重安江；KLH—卡拉河；BLH—巴拉河；TJH—台江河；MWH—密翁河；

TYH—太拥河；WXH—乌下河；LDH—六洞河；LJ—亮江；JJ—鉴江；DJH—对江河

图 4-5　清水江流域可溶态磷占总磷的比例

（3）COD$_{Cr}$ 的变化趋势分析。COD$_{Cr}$ 表示的是水体中还原性物质的含量。一般情况下水体中的还原性物质多为有机物，故 COD$_{Cr}$ 含量也可作为水体中有机物含量高低的一个指标，COD$_{Cr}$ 含量越高表示水体中有机物的含量越高[7]。由图 4-6 可知，清水江流域 COD$_{Cr}$ 的浓度波动较大，其变化范围为 0.44～17.51 mg/L，其中丰水期的平均质量浓度为 4.37 mg/L，枯水期时为 7.69 mg/L，均低于《地表水环境质量标准》（GB 3838—2002）中 I 类水质标准（15 mg/L）。而在整个清水江流域上也只有剑河上游（6 号）和乌下河在枯水期时达到III类水标准，其余采样点均低于 II 类水标准，说明清水江流域有机质的污染较小，以有机质污染为代表的城镇废水对清水江污染相对较小。

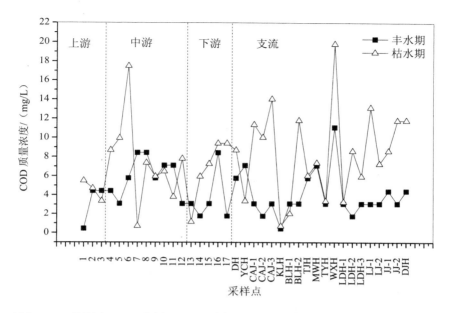

DH—大河；YCH—羊昌河；CAJ—重安江；KLH—卡拉河；BLH—巴拉河；TJH—台江河；MWH—密翁河；

TYH—太拥河；WXH—乌下河；LDH—六洞河；LJ—亮江；JJ—鉴江；DJH—对江河

图 4-6　清水江流域各采样点及支流 COD 质量浓度分布

（4）DO 的变化趋势分析。DO 是流域水生生态环境的重要参数，主要反映了水体的自净能力，是检测水体环境质量的重要指标之一，它主要直接反映流域内生物的生长状况和水体的污染程度。由图 4-7 可知，清水江流域 DO 的浓度波动较大，其变化范围为 3.3～12.84 mg/L，丰水期的平均质量浓度为 7.05 mg/L，高于《地表水环境质量标准》Ⅱ类水标准（6 mg/L），枯水期时为 9.34 mg/L，达到了《地表水环境质量标准》Ⅰ类水标准（7.5 mg/L），说明清水江流域的水体自净能力较强，其中，支流乌下河的 DO 质量浓度相对较低，其年平均值只达到 5.19 mg/L，而 COD_{Cr} 在乌下河上质量浓度较高，表明有机物的分解消耗了氧气导致其 DO 质量浓度低。在时间分布上看，清水江流域枯水期（均值为 9.34 mg/L）＞丰水期（均值为 7.05 mg/L），与温度的时间分布相反，表明清水江流域 DO 质量浓度的时间分布受温度的影响显著。温度越低，水体中的 DO 质量浓度就越高。

73

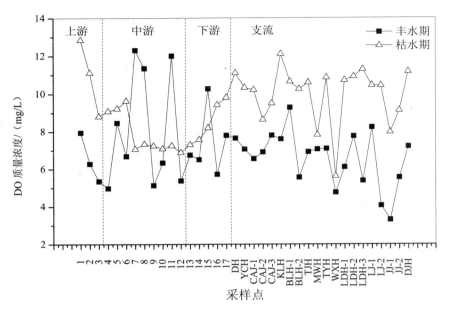

DH—大河；YCH—羊昌河；CAJ—重安江；KLH—卡拉河；BLH—巴拉河；TJH—台江河；MWH—密翁河；

TYH—太拥河；WXH—乌下河；LDH—六洞河；LJ—亮江；JJ—鉴江；DJH—对江河

图 4-7　清水江流域各采样点及支流 DO 质量浓度分布

（5）氟化物变化趋势分析。清水江流域氟化物质量浓度变化范围为 0.04～2.99 mg/L，年平均值为 0.28 mg/L（图 4-8）。在空间分布上看，清水江流域氟化物中游含量最高，其次为下游，上游氟化物的含量相对中下游较低，其中上游的平均质量浓度为 0.12 mg/L，中游的平均质量浓度为 0.34 mg/L，下游的平均质量浓度为 0.17 mg/L。支流重安江的氟化物含量最高，主要原因在于我国最大的磷化工基地位于重安江附近，其排放的工业废水以及附近的磷石膏渣场氟长期渗漏进入地下水体，导致其氟化物质量浓度较高。在干流上，旁海（4 号）、施洞（5 号）、剑河上游（6 号）这 3 个采样点的氟化物含量相对其他采样点要高。在时间分布上看，清水江流域丰水期氟化物的平均质量浓度为 0.24 mg/L，枯水期为 0.31 mg/L，枯水期略高于丰水期，说明清水江流域的氟化物主要来源于点源污染；其中主要是在干流的旁海（4 号）、施洞（5 号）、剑河上游（6 号）、柳川（7 号）这 4 个采样点以及支流的重安江，这说明枯水期是重安江附近的工业企业排放污水的主要时期。

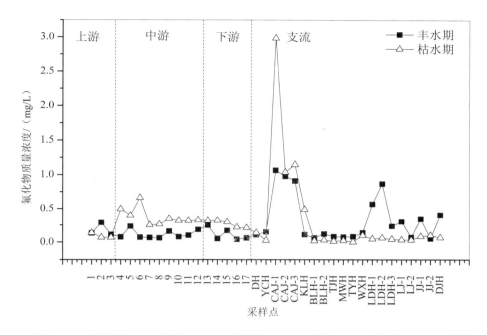

DH—大河；YCH—羊昌河；CAJ—重安江；KLH—卡拉河；BLH—巴拉河；TJH—台江河；MWH—密翁河；

TYH—太拥河；WXH—乌下河；LDH—六洞河；LJ—亮江；JJ—鉴江；DJH—对江河

图 4-8　清水江流域各采样点及支流氟化物时空分布

4.1.4　清水江流域水环境因子相关性分析

　　清水江流域主要污染物为氮、磷，其中磷的污染最为严重，主要分布在干流、重安江以及卡龙河上。重安江主要是受纳了大型磷化工基地福泉市的工业和城镇废水，首先受 TP 污染限制，其次为氟化物。刘园[8]、刘以礼[9]等学者先后运用单因子评价法对清水江流域水质污染因子进行分析，结果表明清水江流域氮、磷和氟化物的污染较为严重，其中重安江大桥断面受污染最严重，其次是湾水断面，兴仁桥断面污染相对较小，清水江流域的污染以工业废水污染为主。本书对清水江流域丰枯水期的各环境因子进行相关性分析（表 4-2 和表 4-3），NH_3-N、TP、TN、氟化物 4 项指标之间均呈显著相关，表明这 4 项指标的输入输出过程相似，而 COD_{Cr} 和 DO 与各指标均不呈显著相关，说明 COD_{Cr}

和 DO 的污染可能来源于面源污染。综合前人研究可知，清水江流域主要是受工业废水的点源污染。

表 4-2　丰水期各水质指标的相关性系数矩阵

	DO	NH$_3$-N	TP	TN	COD$_{Cr}$	氟化物
DO	1.00					
NH$_3$-N	0.17	1.00				
TP	0.00	0.726**	1.00			
TN	−0.03	0.474**	0.709**	1.00		
COD$_{Cr}$	0.12	−0.17	−0.17	−0.20	1.00	
氟化物	−0.05	0.456**	0.705**	0.38	−0.33	1.00

**表示显著性水平为 0.01。

表 4-3　枯水期各水质指标的相关性系数矩阵

	DO	NH$_4^+$-N	TP	TN	COD$_{Cr}$	氟化物
DO	1.00					
NH$_3$-N	0.13	1.00				
TP	−0.04	0.824**	1.00			
TN	0.09	0.901**	0.925**	1.00		
COD$_{Cr}$	−0.05	0.18	0.28	0.25	1.00	
氟化物	−0.04	0.913**	0.932**	0.954**	0.24	1.00

**表示显著性水平为 0.01。

4.2　水环境质量分析

4.2.1　水质评价方法选取

4.2.1.1　综合水质标识指数法

综合水质标识指数（I）由整数位、小数点后三位或四位有效数字组成，其表现形式如下：

$$I = X_1.X_2X_3X_4$$

（4.1）

式中：X_1 —— 河流的综合水质类别；

　　　X_2 —— 综合水质类别在 X_1 类水质变化区间上所处的位置；

　　　X_3 —— 参与综合水质评价水质指标中，劣于水环境功能区的单项指标个数；

　　　X_4 —— 综合水质类别与水体功能区类别的比较得到的结果。

综合水质标识指数总体上包括两个部分：①综合水质指数，为综合水质标识指数中的 $X_1.X_2$，通过计算得出；②标识码，为综合水质标识指数中的 X_3 和 X_4，在求得综合水质指数的基础上，通过判断得出。综合水质指数计算公式如下：

$$X_1.X_2 = \omega_1 P_1 + \omega_2 P_2 + \omega_3 P_3 + \omega_4 P_4 + \omega_5 P_5 + \omega_6 P_6 \tag{4.2}$$

式中：ω —— 各水质指标的组合权重；

　　　P —— 各指标运用单因子水质标识指数法计算的值。

通过上式计算出 $X_1.X_2$ 的值可以判定水体的综合水质级别，其中判定标准[10]见表 4-4。

表 4-4　综合水质级别判定标准

判断标准	综合水质类型	判断标准	综合水质类型
$1.0 \leqslant X_1.X_2 \leqslant 2.0$	Ⅰ 类	$5.0 < X_1.X_2 \leqslant 6.0$	Ⅴ 类
$2.0 < X_1.X_2 \leqslant 3.0$	Ⅱ 类	$6.0 < X_1.X_2 \leqslant 7.0$	劣 Ⅴ 类，但不黑臭
$3.0 < X_1.X_2 \leqslant 4.0$	Ⅲ 类	$X_1.X_2 > 7.0$	劣 Ⅴ 类，且黑臭
$4.0 < X_1.X_2 \leqslant 5.0$	Ⅳ 类		

基于综合水质类别与水环境功能区类别的比较，确定了综合水质定性评价的判断标准[10]（表 4-5）。

表 4-5　水质定性评价依据

条件	判断标准	定性评价结论	条件	判断标准	定性评价结论
X_2 不为 0	$f - X_1 \geqslant 1$	优	X_2 为 0	$f - X_1 - 1 \geqslant 1$	优
	$X_1 = f$	良好		$X_1 - 1 = f$	良好
	$X_1 - f = 1$	轻度污染		$X_1 - f - 1 = 1$	轻度污染
	$X_1 - f = 2$	中度污染		$X_1 - f - 1 = 2$	中度污染
	$X_1 - f \geqslant 3$	重度污染		$X_1 - f - 1 \geqslant 3$	重度污染

注：X_1 为综合水质标识指数的整数位；X_2 为综合水质标识指数小数点后一位；f 为水体功能区类别。

4.2.1.2　权重的确定

（1）层次分析法。层次分析法（AHP）是一种主观的决策方法，其将复杂的问题分解成各组成目标，建立目标层、准则层、方案层等系统中各因素间的层次结构，然后运用比例标度法，通过两两比较的方式确定各层次中各因素的重要性顺序。最后构造一致性判断矩阵，计算各因素关于该准则的相对权重。常用的构造判断矩阵的方法有"极差法"和"极比法"。

在水质评价中应用层次分析法时，首先将各个水质指标划分为不同类别，比如物理指标、化学指标、重金属指标等。再将各个单项指标划归不同类别之内，并在方案层和准则层进行指标间重要性的两两比较，建立判断矩阵，同时进行一致性检验，合格后计算各单项水质指标的权重。

（2）熵权法。在信息论中，熵值是系统有序化程度的一个度量，可以用熵权来衡量数据所提供的信息量的大小。熵值越小，则从指标中得到的有效信息越多，即系统的有序度越大，指标的权重也较大。熵权法是一种客观赋权方法，主要根据指标的变异程度，利用信息熵计算出各指标的熵权。其主要的计算过程如下：

第一步：假设有 m 个评价对象、n 个评价指标构成了原始数据，即判断矩阵 $\boldsymbol{R} = (r_{ij})_{m \times n}$（$i=1, 2, \cdots, m$；$j=1, 2, \cdots, n$）。

第二步：将判断矩阵 $\boldsymbol{R}$ 进行归一化，得到标准化矩阵 $\boldsymbol{B}$。

$$b_{ij} = \begin{cases} (c_{ij} - c_{\min})/(c_{\max} - c_{\min}), & \text{越小越优型} \\ (c_{\max} - c_{ij}/(c_{\max} - c_{\min}), & \text{越大越优型} \end{cases} \tag{4.3}$$

第三步：根据传统熵的概念，计算各个指标的熵值。

$$H_j = -\frac{1}{\ln m}\left(\sum_{i=1}^{m} f_{ij} \ln f_{ij}\right) \quad (i=1,2,\cdots,m; j=1,2,\cdots,n) \tag{4.4}$$

其中，$f_{ij} = (b_{ij}+1)\bigg/\left(m + \sum_{i=1}^{m} b_{ij}\right)$

第四步：计算各指标的权重。

$$\omega_j = \frac{\displaystyle\sum_{t=1}^{n} H_t + 1 - 2H_j}{\displaystyle\sum_{j=1}^{n}\left(\sum_{t=1}^{n} H_t + 1 - 2H_j\right)} \tag{4.5}$$

（3）组合权重。熵权法是一种客观确定权重的方法，具有严格的数学意义，可以充分地挖掘出数据本身所蕴含的信息，但其缺陷在于会忽视决策者主观的意图，所以计算出的权重值可能与实际值有所出入。而模糊层次分析法属于主观确定权重的方法，同样也会造成所得出的权重值有所偏差。故在本书中根据吴开亚等[11]的研究将熵权法和模糊层次分析法组成组合权重来确定各水质指标的权重值，具体计算公式如下：

$$\omega_{zi} = (\omega_{ai} \times \omega_{bi})^{0.5} \Big/ \sum_{i=1}^{k} (\omega_{ai} \times \omega_{bi})^{0.5} \qquad (4.6)$$

4.2.1.3 系统聚类分析法

聚类分析是对事物进行分类的一种多元统计方法，它的基本思想是：先将每个样品分别看成一类，并规定类与类之间的距离，然后选择聚类最小的一对合并成新的一类，同时也要相应地计算合并成的新类与其他类之间的距离，再同样将距离最近的两类合并，以此步骤持续下去，直至所有的样品合成为一类为止。

而在本书中将采用等级聚类法，以欧式距离度量样本之间的距离，运用 Ward 算法生成具有层次结构的聚类树，从而利用 SPSS 软件对清水江流域的水质状况进行聚类分析，以达到对清水江流域进行水质分区的目的。

4.2.1.4 因子分析法

因子分析法是将所有具有错综复杂关系的变量归结为几个主要因子的一种多元统计分析的方法。它的主要思想是：用少数几个能够反映原来众多变量大部分信息的、独立的、无法观测的变量（因子）来表示其基本的数据结构[12, 13]。本书主要是通过因子分析对清水江流域的污染源进行定性识别。

4.2.2 水质现状评价

4.2.2.1 水质评价结果分析

由表 4-6 和表 4-7 可知，丰水期，清水江流域的干流上只有位于下游的远口水库（15号）和出境省界处的翁洞（17 号）达到了水功能区类别，其他采样点均未达到水功能区类别，而枯水期时仅有翁洞（17 号）达到了水功能区类别。其中无论是丰水期还是枯水期，污染最为严重的均是旁海（4 号）、施洞（5 号）和剑河（6 号）这 3 个采样点，达到了重度污染水平。这 3 个采样点主要是 TN 和 TP 超标，与 TP 污染相似，主要是受左岸最大的支流重安江汇入的影响。位于清水江流域下游的白市（16 号）和翁洞（17 号）的水质分别为Ⅳ类和Ⅲ类水平，达到了轻度污染和良好的水平，相对中上游水质有所改善，说明下游污染物排放较少，河水经过自净得到一定的改善。在支流上污染最严重的是重安江，这也是整个清水江流域污染最严重的区域，其 3 个采样点均是劣Ⅴ类且黑臭的水质。其中这 3 个采样点的综合水质标识指数值中的 X_4 均超过 9，主要原因在于其受纳了大型磷化工基地福泉市的工业和城镇废水以及工业固废渣场水溶性磷的渗漏进入地下水体，流进清水江流域导致水质恶化。而重安江上的 3 个采样点中凤山（20 号）污染最为严重，丰水期时 X_4 的值为 25，枯水期时为 26，而凤山是 3 个采样点中最接近福泉市的。除重安江、卡拉河和密瓮河之外，其余支流水质较好，均满足水功能区要求。

表 4-6　清水江丰水期综合标识指数法评价结果

流域	监测点	水功能区类别	综合水质标识指数	评价等级	定性评价
干流	QSJ-1	Ⅲ类	5.91	Ⅴ类	中度污染
	QSJ-2	Ⅲ类	5.81	Ⅴ类	中度污染
	QSJ-3	Ⅲ类	4.21	Ⅳ类	轻度污染
	QSJ-4	Ⅲ类	7.33	劣Ⅴ类	重度污染
	QSJ-5	Ⅲ类	6.42	劣Ⅴ类	重度污染
	QSJ-6	Ⅲ类	7.22	劣Ⅴ类	重度污染
	QSJ-7	Ⅲ类	5.42	Ⅴ类	重度污染
	QSJ-8	Ⅲ类	4.92	Ⅳ类	轻度污染
	QSJ-9	Ⅲ类	4.52	Ⅳ类	轻度污染
	QSJ-10	Ⅲ类	4.81	Ⅳ类	轻度污染
	QSJ-11	Ⅲ类	4.32	Ⅳ类	轻度污染
	QSJ-12	Ⅲ类	4.62	Ⅳ类	轻度污染
	QSJ-13	Ⅲ类	4.61	Ⅳ类	轻度污染
	QSJ-14	Ⅲ类	5.01	Ⅴ类	中度污染
	QSJ-15	Ⅲ类	3.41	Ⅲ类	良好
	QSJ-16	Ⅲ类	4.21	Ⅳ类	轻度污染
	QSJ-17	Ⅲ类	3.21	Ⅲ类	良好
大河	DH	Ⅲ类	2.31	Ⅱ类	优
羊昌河	YCH	Ⅲ类	2.71	Ⅱ类	优
重安江	CAJ-1	Ⅲ类	25.73	劣Ⅴ类	重度污染
	CAJ-2	Ⅲ类	19.62	劣Ⅴ类	重度污染
	CAJ-3	Ⅲ类	16.91	劣Ⅴ类	重度污染

流域	监测点	水功能区类别	综合水质标识指数	评价等级	定性评价
卡龙河	KLH	Ⅲ类	7.42	劣Ⅴ类	重度污染
巴拉河	BLH-1	Ⅲ类	1.70	Ⅰ类	优
	BLH-2	Ⅲ类	2.70	Ⅱ类	优
台江河	TJH	Ⅲ类	2.50	Ⅱ类	优
密瓮河	MWH	Ⅲ类	3.92	Ⅲ类	良好
太拥河	TYH	Ⅲ类	2.60	Ⅱ类	优
乌下河	WXH	Ⅲ类	2.90	Ⅱ类	优
六洞河	LDH-1	Ⅲ类	2.70	Ⅱ类	优
	LDH-2	Ⅲ类	1.80	Ⅰ类	优
	LDH-3	Ⅲ类	3.20	Ⅲ类	良好
亮江	LJ-1	Ⅲ类	3.20	Ⅲ类	良好
	LJ-2	Ⅲ类	4.12	Ⅳ类	轻度污染
鉴江	JJ-1	Ⅲ类	4.02	Ⅳ类	轻度污染
	JJ-2	Ⅲ类	4.61	Ⅳ类	轻度污染
对江河	DJH	Ⅲ类	1.10	Ⅰ类	优

表 4-7　清水江枯水期综合标识指数法评价结果

流域	监测点	水功能区类别	综合水质标识指数	评价等级	定性评价
干流	QSJ-1	Ⅲ类	5.42	Ⅴ类	中度污染
	QSJ-2	Ⅲ类	5.32	Ⅴ类	中度污染
	QSJ-3	Ⅲ类	4.81	Ⅳ类	轻度污染
	QSJ-4	Ⅲ类	7.72	劣Ⅴ类	重度污染
	QSJ-5	Ⅲ类	6.72	劣Ⅴ类	重度污染
	QSJ-6	Ⅲ类	8.43	劣Ⅴ类	重度污染
	QSJ-7	Ⅲ类	5.22	Ⅴ类	中度污染
	QSJ-8	Ⅲ类	5.12	Ⅴ类	中度污染
	QSJ-9	Ⅲ类	5.72	Ⅴ类	中度污染
	QSJ-10	Ⅲ类	5.62	Ⅴ类	中度污染
	QSJ-11	Ⅲ类	5.52	Ⅴ类	中度污染
	QSJ-12	Ⅲ类	5.62	Ⅴ类	中度污染
	QSJ-13	Ⅲ类	5.72	Ⅴ类	中度污染
	QSJ-14	Ⅲ类	5.52	Ⅴ类	中度污染
	QSJ-15	Ⅲ类	5.22	Ⅴ类	中度污染
	QSJ-16	Ⅲ类	4.42	Ⅳ类	轻度污染
	QSJ-17	Ⅲ类	3.42	Ⅲ类	良好

流域	监测点	水功能区类别	综合水质标识指数	评价等级	定性评价
大河	DH	III类	1.70	I类	优
羊昌河	YCH	III类	2.60	II类	优
重安江	CAJ-1	III类	29.44	劣V类	重度污染
	CAJ-2	III类	25.44	劣V类	重度污染
	CAJ-3	III类	19.24	劣V类	重度污染
卡龙河	KLH	III类	5.52	V类	中度污染
巴拉河	BLH-1	III类	3.41	III类	良好
	BLH-2	III类	2.40	II类	优
台江河	TJH	III类	1.60	I类	优
密瓮河	MWH	III类	4.92	IV类	轻度污染
太拥河	TYH	III类	1.50	I类	优
乌下河	WXH	III类	3.30	III类	良好
六洞河	LDH-1	III类	1.90	I类	优
	LDH-2	III类	3.11	III类	良好
	LDH-3	III类	2.00	II类	优
亮江	LJ-1	III类	2.10	II类	优
	LJ-2	III类	2.20	II类	优
鉴江	JJ-1	III类	3.11	III类	良好
	JJ-2	III类	3.11	III类	良好
对江河	DJH	III类	1.80	I类	优

4.2.2.2 水质达标率及变化分析

由图 4-9 可知，清水江流域丰水期 37 个点位的水质情况如下：I 类水质点 3 个，占 8.10%；II 类水质点 7 个，占 18.92%；III 类水质点 5 个，占 13.52%；IV 类水质点位 11 个，占 29.73%；V 类水质点位 4 个，占 10.81%；劣 V 类但不黑臭的水质点位 1 个，占 2.70%；劣 V 类且黑臭的水质点 6 个，占 16.22%。枯水期水质情况为：I 类水质点 5 个，占 13.51%；II 类水质点 5 个，占 13.51%；III 类水质点 6 个，占 16.23%；IV 类水质点 3 个，占 8.11%；V 类水质点 12 个，占 32.43%；劣 V 类但不黑臭的水质点 1 个，占 2.70%；劣 V 类且黑臭的水质点 5 个，占 13.51%。其中无论是丰水期还是枯水期在劣 V 类且黑臭采样点中均有 3 个分布在支流重安江上。

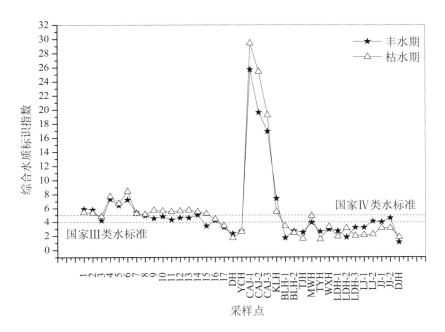

DH—大河；YCH—羊昌河；CAJ—重安江；KLH—卡拉河；BLH—巴拉河；TJH—台江河；MWH—密翁河；

TYH—太拥河；WXH—乌下河；LDH—六洞河；LJ—亮江；JJ—鉴江；DJH—对江河

图 4-9　各采样点综合水质标识指数变化

结合各点位水功能区目标，丰水期达标点位有 16 个，占 43.24%，不达标的点位有 21 个，占 56.76%，不达标的点位中综合水质标识指数的平均值达到 7.82；枯水期达标点位有 17 个，占 45.95%，不达标点位有 20 个，占 54.05%，不达标点位中综合水质标识指数的平均值达到 8.42。从上述数据可知，丰水期和枯水期分别有 21 个和 20 个采样点均没有达到水功能区目标，且大部分都是 V 类和劣 V 类水质，尤其是重安江（20 号、21 号、22 号）污染最严重，所以无论是丰水期还是枯水期，清水江流域贵州段的水质情况均不容乐观，需要有关部门加强防治。

由图 4-9 可知，清水江流域在干流和支流重安江上，其枯水期的综合水质标识指数较丰水期高，枯水期的水质相对较差。主要原因可能在于枯水期是其附近的磷化工企业的主要排污时期，又由于枯水期降水量小，水体流动性差，导致水体的污染加重。而在除重安江外的其他支流上虽也有部分支流丰水期时综合水质标识指数较枯水期高，但是基本均能达到水功能区类别。

在空间上，清水江流域丰水期和枯水期的水质变化较大，且两个时期的变化趋势较为相似。无论是在干流上还是在支流上从上游至下游呈现的均是降低—升高—降低的趋势。升高的河段均是位于福泉附近，主要是受工业污水的影响，但是位于上游的地区水质也不乐观，其主要是受上游城镇污水的影响，故城镇污水对清水江流域的影响也不容忽视。

4.2.3 污染源识别

根据等级聚类分析（SPSS）的结果可知（图 4-10、图 4-11），清水江流域丰水期时干流在距离系数为 5 的水平上可以分为 3 组，分别为 I 组（1 号、2 号，3 号、10 号、14 号）、II 组（4 号、5 号、6 号、7 号）、III 组（8 号、9 号、11 号、12 号、13 号、15 号、16 号、17 号），其中 II 组即旁海（4 号）到柳川（7 号）之间的河段污染最为严重，其次是位于上游以及中游的八洋（10 号）和茅坪镇（14 号）的河段上，其他河段污染相对较轻。支流上，在距离系数为 5 的水平上可以分为两组，为污染最严重的 IV 组（重安江），其他支流组成的 V 组污染相对较轻。枯水期时在距离系数为 5 的水平上干流可以分为 4 组，分别为 A 组（1 号、2 号、3 号）、B 组（4 号、5 号、6 号）、C 组（7 号～15 号）、D 组（16 号、17 号），在距离系数为 10 的水平上，A 组和 D 组合为一类。污染相对较轻的位于清水江流域的上游（A 组）和汇入省界的下游（D 组），随着支流重安江的汇入，旁海（4 号）到剑河（6 号）之间的水体污染最严重，而污染较严重的 C 组主要位于柳川到锦屏之间。支流上，枯水期的分组与丰水期相似，在距离系数 5 的水平上可以分为两组，分别为污染最严重的 E 组（重安江），其他支流则组成了污染相对较轻的 F 组。结合采样点地理分布信息可知，SPSS 聚类分析结果与综合水质标识指数分析结果较为吻合。

选取 TN、TP、NH_3-N、DO、COD_{Cr}、氟化物这 6 个指标进行因子分析，将特征值大于 1 对应的数目为所选的公因子数。由表 4-8 及表 4-9 可知，在丰水期和枯水期特征值大于 1 的两个公因子的累计贡献率分别为 74.21% 和 81.09%，包括了原始数据的主要信息。

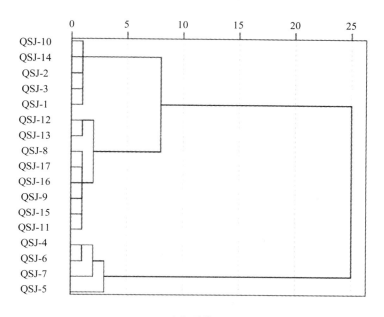

（a）干流

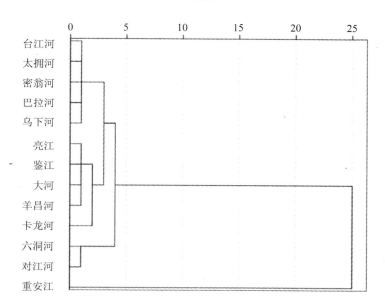

（b）支流

图 4-10　丰水期水质等级聚类分析结果

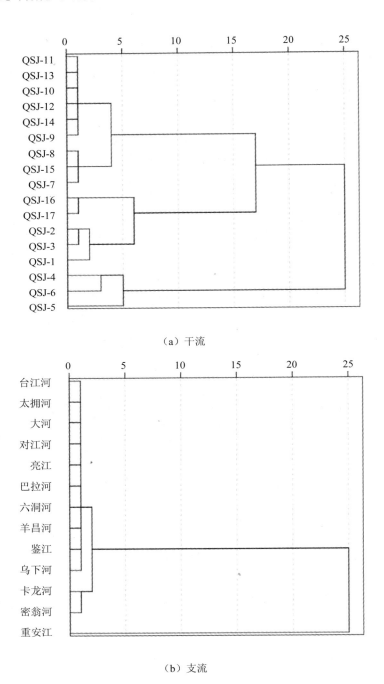

（a）干流

（b）支流

图 4-11　枯水期水质等级聚类分析结果

表 4-8　丰水期特征值及累计方差贡献率

主成分	特征值	百分比/%	累计方差贡献率/%
1	2.811	53.44	53.44
2	1.222	20.77	74.21
3	0.861	14.36	88.57
4	0.600	7.00	95.57
5	0.383	2.98	99.55
6	0.124	1.45	100.00

表 4-9　枯水期特征值及累计方差贡献率

主成分	特征值	百分比/%	累计方差贡献率/%
1	3.807	63.45	63.45
2	1.059	17.64	81.09
3	0.892	14.86	95.95
4	0.158	2.63	98.58
5	0.053	0.89	99.47
6	0.032	0.53	100.00

采用最大方差法旋转后的因子载荷矩阵可以看出在因子构成中每个水质指标与两个公因子之间的关联（表 4-10、表 4-11）。Liu 等认为当因子载荷值分别 >0.75 时代表强相关，0.75～0.50 时代表中度相关，0.50～0.30 时代表弱相关[14]。丰水期和枯水期提取的两个公因子中 F_1 的累积贡献率分别为 53.44%、63.45%，其中，TN、NH_3-N、TP、氟化物所占的因子载荷较大，与 F_1 呈正相关的关系，TP 主要是由附近的磷化工企业废水的排放产生的点源污染，而 NH_3-N 也代表着流域附近化工废水排放，基于以上分析 F_1 代表的是工业废水带来的污染。F_2 的贡献率分别为 20.77%、17.64%，与 DO 和 COD_{Cr} 呈正相关，说明流域水体受到快速城市化引起市政污水排放的强烈影响[15-17]，故 F_2 代表的是市政污水的影响。

表 4-10　丰水期方差最大旋转前后因子载荷

变量	因子载荷		方差最大旋转后因子载荷	
	1	2	1	2
TN	0.77	−0.01	0.77	−0.11
TP	0.95	0.07	0.95	−0.05
NH_3-N	0.78	0.39	0.82	0.29
COD_{Cr}	−0.31	0.70	−0.22	0.73
DO	0.02	0.73	0.11	0.72
氟化物	0.78	−0.20	0.75	−0.30

表 4-11　枯水期方差最大旋转前后因子载荷

变量	因子载荷		方差最大旋转后因子载荷	
	1	2	1	2
TN	0.98	−0.07	0.98	0.04
TP	0.95	0.07	0.94	0.18
NH_3-N	0.94	−0.15	0.95	−0.04
COD_{Cr}	0.12	0.72	0.17	0.79
DO	−0.04	0.90	−0.15	0.89
氟化物	0.98	0.04	0.97	0.15

　　将各采样点的因子得分投影在二维平面上，横坐标轴表示第一个因子的得分，纵坐标轴表示第二个因子的得分，根据采样点在二维平面上的分布可以看出它们主要是受哪个因子限制，从而得到主要的污染源。由图 4-12、图 4-13 可知，无论是丰水期还是枯水期，清水江流域上游的河段主要是受沿岸的市政污水排放的影响，清水江流域的上游主要流经凯里市，位于城区附近，受人为活动的影响较大。而中游的旁海（4 号）、施洞（5 号）、剑河（6 号）污染最为严重，其因子 1 的得分明显高于因子 2，主要受工业废水的影响。清水江流域丰水期在柳川（7 号）之后受因子 1 的影响较小，因子 2 的得分相对较高，所以在柳川（7 号）之后的河段主要是受城镇污水的影响，在清水江流域下游的河段上（16 号、17 号）污染相对较轻。而在枯水期时柳川（7 号）到茅坪镇（15 号）之间的河段其污染来源与 B 组相似，但污染状况相对 B 组较轻，主要还是受工业废水的影响。而位于清水江流域下游的河段受 6 个指标的影响较为平均，污染程度也相对较低。在支流上，污染最严重的重安江主要受工业废水排放的影响。而在卡龙河上无论是丰水期还是枯水期因子 2 的得分都高于因子 1，故其主要是受人为活动中的市政污水排

放的影响，而其他支流两个因子的得分相对较为平均。

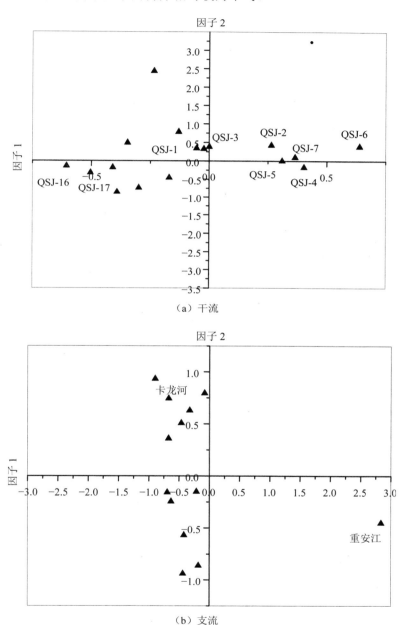

（a）干流

（b）支流

图 4-12 丰水期因子得分投影

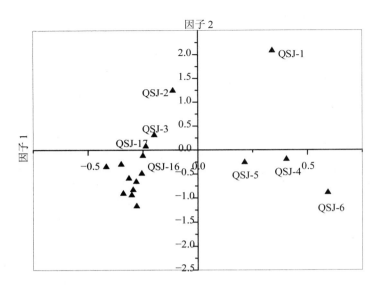

（a）干流

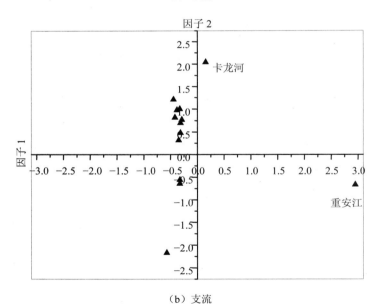

（b）支流

图 4-13 枯水期因子得分投影

4.3　富营养化风险评价

4.3.1　富营养化评价方法选取

4.3.1.1　对数型幂函数普适指数公式

本书主要参考李祚咏[18]提出的目前广泛运用于我国湖泊、水库和河流的对数型幂函数普适指数法来对清水江流域富营养化状态进行评价。该方法相比平常用的卡森指数评价公式（TSI）、修正的卡森指数公式（TSI_m）、综合营养状态指数法（TLI）的优势在于能够对 14 项指标共同适用，其中 14 项指标中包括本次研究测出的 TN、NH_3-N、TP、PO_4-P、COD_{Cr}、DO 这 6 项指标。其具体的计算公式如下：

$$EI = \sum_{j=1}^{n} W_j \times EI_j = 10.77 \times \sum_{j=1}^{n} W_j \times (\ln x_j)^{1.1826} \tag{4.7}$$

式中：W_j —— 指标 j 的归一化权重值，本书将各指标视作等权重；

　　　EI_j —— 指标 j 的富营养化评价普适指数；

　　　x_j —— 指标 j 的"规范值"，具体的计算过程参考式（4.8）和式（4.9）。

对于指标 DO：

$$x_j = \begin{cases} (c_{j0}/c_j)^2 & c_j \leqslant c_{j0} \\ 1 & c_j > c_{j0} \end{cases} \tag{4.8}$$

对于其余指标：

$$x_j = \begin{cases} c_j/c_{j0} & c_j \geqslant c_{j0} \\ 1 & c_j < c_{j0} \end{cases} \tag{4.9}$$

式中：c_j —— 评价指标的实测值；

　　　c_{j0} —— 针对评价指标设置的适当的参照值，其中在本书中选取的是指标的"极贫"营养值。

为了能直观地呈现流域的营养化状态，需要采用一系列的数字对流域的富营养化程度进行分级[19]（表 4-12）。

表 4-12　富营养化程度评价标准

项目	贫营养	中营养	富营养	重富营养	极富营养
分级标准	EI≤20	20<EI≤39.42	39.42<EI≤61.29	61.29<EI≤76.28	76.28<EI≤99.77

4.3.1.2　模糊综合评价法

（1）评价因子及标准的确定。本书选取 TN、TP、COD_{Cr}、DO 这 4 项主要指标作为评价清水江流域富营养化的因子，并建立评价因子集 $A=\{\rho$（TN）、ρ（TP）、ρ（COD_{Cr}）、ρ（DO）$\}$。目前国内模糊综合评价法并没有统一的富营养化评价标准，本书主要参照《地表水环境质量标准》（GB 3838—2002）等级和以往学者的相关研究对清水江流域的富营养标准以及各营养等级中 TN、TP、DO 以及 COD_{Cr} 浓度限制的界定[20-22]，从而确定 4 个指标的阈值（表 4-13）。

表 4-13　清水江流域富营养化的评价标准

评价因子	贫营养（Ⅰ）	中营养（Ⅱ）	轻度富营养化（Ⅲ）	中度富营养化（Ⅳ）	重度富营养化（Ⅴ）
TN	0.02	0.06	0.31	1.20	2.30
TP	0.001	0.004	0.02	0.11	0.66
COD_{Cr}	1.40	2.96	10.00	20.00	40.00
DO	8.72	7.36	6.00	4.50	3.00

（2）隶属函数。根据各因子的实测值和富营养化评价的标准值，求出所有评价因子的隶属函数值，其中隶属函数的计算公式，见式（4.10）～式（4.15）。

对于贫营养（Ⅰ），其隶属函数表达式为：

$$f_{i1}(X_i) = \begin{cases} 1 & X_i \leq S_{i1} \\ \dfrac{S_{i2} - X_i}{S_{i2} - S_{i1}} & S_{i1} \leq X_i \leq S_{i2} \\ 0 & X_i \geq S_{i2} \end{cases} \qquad (4.10)$$

对于从中营养（Ⅱ）到中度富营养化（Ⅳ）时，即 k=2, 3, 4，其隶属函数表达式为：

$$f_{\mathrm{ik}}(X_i) = \begin{cases} 1 & X_i = S_{ik} \\ \dfrac{X_i - S_{i(k-1)}}{S_{ik} - S_{i(k-1)}} & S_{i(k-1)} < X_i < S_{\mathrm{ik}} \\ \dfrac{S_{i(k+1)} - X_i}{S_{i(k+1)} - S_{ik}} & S_{ik} < X_i < S_{i(k+1)} \\ 0 & X_i \leqslant S_{ik}, X_i \geqslant S_{i(k+1)} \end{cases} \tag{4.11}$$

对于重度富营养化时，即 $j=5$，其隶属函数表达式为：

$$f_{ij}(X_i) = \begin{cases} 0 & X_i \leqslant S_{i(j-1)} \\ \dfrac{X_i - S_{i(j-1)}}{S_{ij} - S_{i(j-1)}} & S_{i(j-1)} < X_i < S_{ij} \\ 1 & X_i \geqslant S_{ij} \end{cases} \tag{4.12}$$

由于 ρ（DO）的标准值随着水质级别的升高而降低，则其计算式变为：

$$f_{\mathrm{i}1}(X_i) = \begin{cases} 1 & X_i \geqslant S_{i1} \\ \dfrac{X_i - S_{i2}}{S_{i2} - S_{i1}} & S_{i2} < X_i < S_{i1} \\ 0 & X_i \leqslant S_{i2} \end{cases} \tag{4.13}$$

$$f_{ik}(X_i) = \begin{cases} 0 & X_i \leqslant S_{i(k+1)}, X_i \geqslant S_{i(k-1)} \\ \dfrac{X_i - S_{i(k+1)}}{S_{ik} - S_{i(k+1)}} & S_{i(k+1)} < X_i < S_{ik} \\ \dfrac{S_{i(k-1)} - X_i}{S_{i(k-1)} - S_{ik}} & S_{ik} < X_i < S_{i(k-1)} \\ 1 & X_i = S_{ik} \end{cases} \tag{4.14}$$

$$f_{ij}(X_i) = \begin{cases} 1 & X_i \leqslant S_{ij} \\ \dfrac{S_{i(j-1)} - X_i}{S_{i(j-1)} - S_{ij}} & S_{ij} < X_i < S_{i(j-1)} \\ 0 & X_i \geqslant S_{i(j-1)} \end{cases} \tag{4.15}$$

上述各式中：f—— 评价因子的隶属函数；

X_i —— 评价因子的实测值；

S —— 评价因子对应的评价级别的标准值。

根据以上公式确定所有评价因子在每个评价等级所属的隶属度，隶属度可以确切地反映因子领域和评价领域之间模糊关系的模糊矩阵 $\boldsymbol{R}$：

$$\boldsymbol{R} = \left(f_{ij}\right) = \begin{bmatrix} f_{11} & f_{12} & \cdots & f_{1n} \\ f_{21} & f_{22} & \cdots & f_{2n} \\ \vdots & \vdots & & \vdots \\ f_{m1} & f_{m2} & \cdots & f_{mn} \end{bmatrix} \tag{4.16}$$

（3）评价因子权重。由于造成清水江流域富营养化的各评价因子的贡献率不同，因此需要求各评价因子的权重值，计算公式如下：

$$\overline{S_i} = \frac{1}{m}\sum_{i=1}^{m} S_{ij} \tag{4.17}$$

式中：$\overline{S_i}$ —— i 因子各级标准的平均值；

S_{ij} —— 第 i 个因子的第 j 级标准值；

n —— 评价因子的个数，此次评价中 $n=4$。

对于越小越优型的评价因子，权重 ω_i 的计算公式如下：

$$\omega_i = X_i \big/ \overline{S_i} \tag{4.18}$$

对于越大越优型的评价因子，权重 ω_i 的计算公式如下：

$$\omega_i = \overline{S_i} \big/ X_i \tag{4.19}$$

对 ω_i 进行归一化处理，表达式为：

$$P_i = \omega_i \bigg/ \sum_{i=1}^{n} \omega_i \tag{4.20}$$

（4）富营养化等级的确定。一般在模糊综合评价过程中均采用最大隶属度的原则确定各采样点的评价等级，即隶属度最大的营养等级被判定为最终的富营养化等级。而此种确定富营养化等级的方法有一定的缺陷，主要体现在有效性的问题上，所以在本书中采用叠加隶属度的方法确定清水江流域的富营养化等级。即在判断富营养化等级时，当隶属度大于 50%时可直接确定为富营养化等级，当所有隶属度均未达到 50%时，就由高营养等级向低营养等级叠加，首先大于或等于 50%时对应的营养等级确定为富营养化等级。这种确定富营养化等级的方法因为能够避免某些信息的损失，所以其评价结果更合理[23]。

4.3.2　风险评价结果分析

水体发生富营养化的 3 个必要因素是充足的营养盐、合适的水流流态（流速、水深等）和气候条件（水温、光照等）。藻类一般无固氮能力，故水体中高含量的氮、磷在发生水华中起着关键的作用。与国内其他河流水体相比，清水江流域氮、磷的浓度均比发生过水华的香溪河[24]、小江[24]、九龙江[25]、太湖[26]等要高（表 4-14）。从统计数据来看清水江流域氮磷浓度也远超过国际上广泛认可的发生水体富营养化的临界浓度：TN为 0.30 mg/L，TP 为 0.02 mg/L，以上均表明清水江流域的氮磷生源要素完全可以满足藻类生长的需要。所以只需水流流态（流速、水深等）和气候条件（水温、光照等）适宜，清水江流域势必会发生水华。

表 4-14　清水江流域氮磷平均质量浓度　　　　　　　　单位：mg/L

水体	TN	NH_3-N	TP	PO_4-P
清水江丰水期	2.60	0.56	0.97	0.94
清水江枯水期	2.12	0.49	1.19	1.07
GB 3838—2002（III类）	1.00	1.00	0.20	—
香溪河[24]	0.99	0.06	0.08	—
小江[24]	1.28	0.20	0.04	—
太湖[26]	2.26	0.24	0.09	—
龙江河[25]	1.79	0.15	0.07	0.04
九龙江[25]	2.50～8.65	—	0.09～1.15	—

4.3.2.1　对数型幂函数普适指数评价结果分析

根据对数型幂函数普适指数公式，分别计算各指标的营养指数，并求出所有采样点的综合营养指数，参照表 4-13 中各级标准对应的数值，对各个采样点的营养状态进行评价，评价结果列于表 4-15 和表 4-16 中。清水江流域丰水期和枯水期的营养指数（EI）平均值为 53.21 和 53.84，就平均值来看，均达到了重富营养化水平。

表 4-15 对数型幂函数普适指数丰水期评价结果

流域	监测点	EI_{NH_3-N}	EI_{TN}	EI_{TP}	EI_{PO_4-P}	EI_{COD}	EI_{DO}	EI
干流	QSJ-1	23.67	78.13	28.88	22.60	14.68	43.12	35.18
	QSJ-2	32.81	85.11	28.88	23.25	49.17	50.65	44.98
	QSJ-3	41.61	82.42	65.55	65.45	49.17	55.88	60.01
	QSJ-4	42.72	80.18	121.53	122.12	45.17	54.24	77.68
	QSJ-5	33.81	78.40	121.15	119.67	44.49	42.12	73.27
	QSJ-6	62.33	79.31	121.35	117.96	51.44	44.66	79.51
	QSJ-7	70.72	63.26	98.30	92.34	49.67	21.71	66.00
	QSJ-8	61.17	59.11	96.69	94.91	59.67	32.15	67.28
	QSJ-9	52.33	63.59	85.55	84.16	53.44	57.26	66.06
	QSJ-10	46.84	73.04	57.04	53.32	56.83	50.40	56.24
	QSJ-11	66.50	60.21	72.57	69.54	51.83	25.45	57.69
	QSJ-12	20.85	71.08	86.79	83.45	47.49	60.69	61.73
	QSJ-13	46.84	70.69	45.81	44.37	43.49	48.33	49.92
	QSJ-14	39.11	73.32	67.16	65.45	34.81	49.54	54.90
	QSJ-15	63.59	60.62	59.59	36.72	43.49	35.16	49.86
	QSJ-16	32.81	65.47	75.56	74.77	59.67	53.69	60.33
	QSJ-17	39.11	56.34	74.57	74.16	34.81	43.72	53.79
大河	DH	23.67	65.97	0.00	0.00	53.44	44.33	31.23
羊昌河	YCH	39.11	71.55	0.00	0.00	56.83	46.89	35.73
重安江	CAJ-1	101.60	89.41	149.57	149.56	43.49	49.29	97.15
	CAJ-2	63.59	81.31	141.75	141.65	34.81	47.62	85.12
	CAJ-3	32.81	85.25	138.31	138.19	43.49	43.72	80.29
卡龙河	KLH	41.61	78.98	110.65	110.61	14.68	44.54	66.84
巴拉河	BLH-1	0.00	42.60	28.88	23.87	43.49	38.28	29.52
	BLH-2	15.85	18.91	45.81	36.72	43.49	54.61	35.90
台江河	TJH	35.97	48.72	39.42	36.72	53.44	47.57	43.64
密瓮河	MWH	43.54	46.58	61.81	61.62	56.83	46.93	52.89
太拥河	TYH	28.88	50.22	28.88	22.60	43.49	46.80	36.81
乌下河	WXH	0.00	25.60	39.42	22.60	64.25	59.80	35.28
六洞河	LDH-1	15.85	52.87	50.42	36.72	43.49	51.59	41.82
	LDH-2	39.11	34.98	39.42	36.72	34.81	43.92	38.16
	LDH-3	44.37	43.38	29.42	26.72	33.49	45.69	37.18

流域	监测点	EI_{NH_3-N}	EI_{TN}	EI_{TP}	EI_{PO_4-P}	EI_{COD}	EI_{DO}	EI
亮江	LJ-1	40.01	51.91	29.42	27.00	33.49	32.02	35.64
	LJ-2	31.61	49.35	35.81	26.72	33.49	55.05	38.67
鉴江	JJ-1	33.54	50.40	47.04	46.51	39.17	62.07	46.45
	JJ-2	45.27	67.98	57.04	44.19	43.49	54.67	52.11
对江河	DJH	18.88	53.12	29.42	27.00	39.17	36.26	33.97

表 4-16　对数型幂函数普适指数枯水期评价结果

流域	监测点	EI_{NH_3-N}	EI_{TN}	EI_{TP}	EI_{PO_4-P}	EI_{COD}	EI_{DO}	EI
干流	QSJ-1	73.33	73.54	43.04	21.00	52.66	28.44	48.67
	QSJ-2	49.87	67.85	52.37	21.00	50.12	32.77	45.66
	QSJ-3	56.89	69.87	55.62	43.60	44.80	39.89	51.78
	QSJ-4	60.89	82.26	119.52	118.24	64.19	42.87	81.33
	QSJ-5	46.26	76.58	108.87	107.02	62.43	38.48	80.65
	QSJ-6	52.64	82.73	125.79	124.73	76.34	44.32	84.42
	QSJ-7	18.56	56.99	97.04	95.25	21.27	46.89	56.00
	QSJ-8	18.56	56.99	97.89	96.52	57.45	45.69	62.18
	QSJ-9	8.56	57.27	103.78	102.46	53.94	46.13	62.02
	QSJ-10	32.42	57.27	102.31	101.79	55.33	46.80	65.99
	QSJ-11	32.42	57.55	101.65	101.32	46.75	46.08	64.30
	QSJ-12	32.42	59.87	102.31	102.02	58.40	47.71	67.12
	QSJ-13	8.55	57.55	102.09	101.32	28.38	45.82	57.29
	QSJ-14	8.56	59.38	101.65	101.09	53.94	44.66	61.55
	QSJ-15	24.61	57.82	98.71	97.41	57.25	42.14	62.99
	QSJ-16	8.56	55.50	90.88	90.42	61.50	37.81	57.45
	QSJ-17	24.61	55.50	82.18	79.90	61.50	36.56	56.71
大河	DH	24.61	39.83	35.24	0.00	60.19	32.79	32.11
羊昌河	YCH	35.26	51.30	0.00	0.00	44.80	34.98	27.72
重安江	CAJ-1	103.52	101.11	153.79	152.76	64.66	35.34	101.86
	CAJ-2	72.47	86.51	148.25	144.50	62.56	40.50	92.46
	CAJ-3	70.60	88.73	142.45	140.39	68.20	37.55	91.32
卡龙河	KLH	41.65	69.87	88.73	87.17	21.27	30.20	56.48

流域	监测点	EI_{NH_3-N}	EI_{TN}	EI_{TP}	EI_{PO_4-P}	EI_{COD}	EI_{DO}	EI
巴拉河	BLH-1	28.99	57.55	35.24	0.00	36.91	34.08	32.13
	BLH-2	32.42	50.90	43.04	0.00	65.30	35.22	37.81
台江河	TJH	24.61	34.29	0.00	0.00	54.16	34.22	24.55
密瓮河	MWH	28.99	56.70	95.84	93.90	57.45	43.64	62.75
太拥河	TYH	0.00	37.15	0.00	0.00	46.80	39.48	20.57
乌下河	WXH	35.26	36.35	72.93	0.00	74.08	54.26	55.67
六洞河	LDH-1	24.61	43.35	35.24	0.00	44.38	33.88	30.24
	LDH-2	28.99	57.55	43.04	0.00	60.02	33.34	37.16
	LDH-3	18.56	44.58	35.24	0.00	53.94	32.31	30.77
亮江	LJ-1	24.61	45.16	35.24	0.00	67.11	34.66	34.46
	LJ-2	28.99	47.30	35.24	0.00	57.25	34.68	33.91
鉴江	JJ-1	43.33	57.82	48.34	21.00	60.02	43.08	45.60
	JJ-2	48.75	58.62	52.37	35.93	65.30	38.82	49.96
对江河	DJH	0.00	38.18	35.24	0.00	65.30	32.63	28.56

　　由图 4-14 可知，清水江流域的富营养化程度从上游到中游呈加深的趋势，在中游的柳川（7 号）之后又呈减弱的趋势，但是基本都达到富营养化水平。清水江流域丰水期、枯水期达到富营养化水平的样品均占 67.57%，其中富营养化程度最严重的极富营养化水平的样品占 13.51% 和 16.22%，主要分布在清水江流域的支流重安江以及干流的旁海（4 号）到剑河（6 号）之间的河段上，支流重安江位于福泉市附近，其磷化工基地排出的工业废水，以及渣场水溶性磷的渗漏导致其磷含量急剧升高。而重安江的汇入又导致旁海（4 号）到剑河（6 号）之间的河段水体富营养化加重。处于重富营养化水平的占 16.22% 和 21.62%，营养化水平的占 37.84% 和 29.73%，主要分布在清水江流域除旁海（4 号）到剑河（6 号）之外的干流的其他河段上，上述河段大多处于工农业发达、城镇密集的地区，河流接纳了其排出的城镇生活污水和工业废水，大量氮磷营养元素进入河流，导致河段处于富营养化甚至重度富营养化水平。而丰水期和枯水期处于中营养化水平的采样点占 32.43%，主要分布在清水江流域的其他支流上。由此可知，无论是空间还是时间尺度上，清水江流域富营养化均处于较严重的水平，尤以支流重安江和干流最为严重。

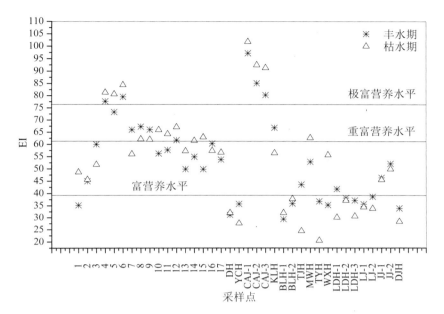

DH—大河；YCH—羊昌河；CAJ—重安江；KLH—卡拉河；BLH—巴拉河；TJH—台江河；MWH—密翁河；

TYH—太拥河；WXH—乌下河；LDH—六洞河；LJ—亮江；JJ—鉴江；DJH—对江河

图 4-14　清水江流域营养评价综合指数值

由以上分析可知，清水江流域目前已呈现一定程度的富营养化，尤其是水库的建设会导致水动力条件的改变，进而影响了水体营养物质的组成与循环，从而加深水体的富营养化程度。事实证明江苏省的大溪河、戴溪河、屋溪河以及贵州乌江上的水库建设区均导致 TP 超标造成了水体的富营养化，有的水库建设区已达到了重度富营养化（王孟等，2004）。而目前清水江流域上也已建设有多处水库，尤其是整个沅江流域内最大的水电站三板溪电站也已经建成。此次研究也在清水江流域的封治水库的坝上（11 号）和坝下（12 号）以及远口水库（15 号）均采集了水样，由图 4-14 可知，在枯水期时封治水库和远口水库均达到了重富营养化水平，丰水期也达到了富营养化水平，其中封治水库坝下（12 号）的营养评价综合指数值均比坝上（11 号）的要高，说明清水江流域水库的建设对其富营养化有一定的影响。在封治水库和远口水库枯水期水体富营养化程度均比丰水期严重，故清水江流域枯水期是发生水华的敏感时期。而在清水江流域来自磷化工基地的磷污染还没有彻底解决的同时，上游都匀、凯里等城市的城镇的生活污水中的氨氮的污染又会加重水体中氮的含量，势必会造成清水江流域严重水体富营养化，甚至可能出现急性的水污染事故。因此对于清水江流域除了积极治理磷元素带来的污染问题外，氮元素的污染也不容忽视。

4.3.2.2　模糊综合评价结果分析

根据模糊综合评价法计算出清水江流域每个采样点所属的隶属度，然后将各隶属度进行叠加得出所有采样点的富营养化程度（表 4-17 和表 4-18）。丰水期和枯水期处于富营养化水平的分别占 78.38% 和 75.68%，达到中度富营养化的分别占 24.32% 和 18.92%，达到重度富营养化的分别占 35.14% 和 43.24%。在模糊综合评价中重度富营养化就包括了极度富营养化，但是由表 4-17 也可以看出，在清水江流域干流上的旁海（4 号）到剑河（6 号）之间的河段以及支流重安江上在 V 类上的隶属度均达到了 87% 以上，尤其是重安江上的 3 个采样点均达到了 95% 以上，说明这些河段的富营养化很严重，很有可能达到了极富营养化水平。清水江流域处于中营养水平的分别占 21.62% 和 24.32%。对比对数型幂函数普适指数公式评价结果显示的趋势基本一致，而存在细微差别的原因主要是在于模糊综合评价法是一种不确定性的评价方法，属于主观性的评价方法，对数型幂函数普适指数公式属于客观性的评价方法，但是并不影响分析清水江流域整体的富营养化状况。

表 4-17　丰水期模糊综合评价结果

流域	监测点	隶属度/%					迭加隶属度/%					评价等级
		I	II	III	IV	V	I	II	III	IV	V	
干流	QSJ-1	23.30	33.50	18.10	15.70	9.40	100.00	76.70	43.20	25.10	9.40	II
	QSJ-2	13.10	11.30	13.20	47.20	15.20	100.00	86.90	75.60	62.40	15.20	IV
	QSJ-3	0.00	4.50	15.10	32.00	48.40	100.00	100.00	95.50	80.40	48.40	IV
	QSJ-4	0.00	1.00	3.00	3.00	93.00	100.00	100.00	99.00	96.00	93.00	V
	QSJ-5	4.10	2.80	0.10	5.50	87.50	100.00	95.90	93.10	93.00	87.50	V
	QSJ-6	0.00	2.00	3.00	0.00	95.00	100.00	100.00	98.00	95.00	95.00	V
	QSJ-7	5.00	0.00	6.00	14.00	75.00	100.00	95.00	95.00	89.00	75.00	V
	QSJ-8	8.00	0.00	9.00	28.00	55.00	100.00	0.00	92.00	83.00	55.00	V
	QSJ-9	0.00	2.00	18.00	20.00	60.00	100.00	98.00	80.00	60.00	V
	QSJ-10	0.00	5.00	33.00	10.00	52.00	100.00	100.00	95.00	62.00	52.00	V
	QSJ-11	13.00	0.00	16.00	12.00	59.00	100.00	87.00	87.00	71.00	59.00	V
	QSJ-12	0.00	6.00	14.00	62.00	18.00	100.00	100.00	94.00	80.00	18.00	IV

流域	监测点	隶属度/%					迭加隶属度/%					评价等级
		I	II	III	IV	V	I	II	III	IV	V	
干流	QSJ-13	0.00	22.00	16.00	35.00	27.00	100.00	100.00	78.00	62.00	27.00	IV
	QSJ-14	3.00	9.00	13.00	24.00	51.00	100.00	97.00	88.00	24.00	51.00	V
	QSJ-15	23.00	11.00	9.00	53.00	4.00	100.00	77.00	66.00	57.00	4.00	IV
	QSJ-16	0.00	0.00	30.00	59.00	11.00	100.00	100.00	100.00	70.00	11.00	IV
	QSJ-17	13.00	19.00	2.00	62.00	4.00	100.00	87.00	68.00	66.00	4.00	IV
大河	DH	6.00	45.00	12.00	23.00	14.00	100.00	94.00	49.00	37.00	14.00	II
羊昌河	YCH	0.00	33.00	21.00	17.00	29.00	100.00	100.00	67.00	46.00	29.00	III
重安江	CAJ-1	0.00	0.90	0.70	0.00	98.40	100.00	100.00	99.10	98.40	98.40	V
	CAJ-2	0.30	1.20	0.50	0.00	98.00	100.00	99.70	98.50	98.00	98.00	V
	CAJ-3	0.60	2.00	0.30	0.00	97.10	100.00	99.40	97.40	97.10	97.10	V
卡龙河	KLH	1.00	5.00	0.00	2.00	92.00	100.00	99.00	94.00	94.00	92.00	V
巴拉河	BLH-1	25.10	46.00	13.30	15.60	0.00	100.00	74.90	28.90	15.60	0.00	III
	BLH-2	0.00	21.00	59.00	20.00	0.00	100.00	100.00	79.00	20.00	0.00	III
台江河	TJH	0.00	31.00	56.00	13.00	0.00	100.00	100.00	69.00	13.00	0.00	III
密瓮河	MWH	0.00	25.00	51.00	24.00	0.00	100.00	100.00	75.00	24.00	0.00	III
太拥河	TYH	0.00	53.00	28.00	19.00	0.00	100.00	100.00	47.00	19.00	0.00	II
乌下河	WXH	0.00	68.00	28.00	4.00	0.00	100.00	100.00	32.00	4.00	0.00	II
六洞河	LDH-1	0.00	16.00	59.00	25.00	0.00	100.00	100.00	84.00	25.00	0.00	III
	LDH-2	17.00	16.00	47.00	0.00	0.00	100.00	83.00	47.00	0.00	0.00	II
	LDH-3	0.00	52.00	13.00	35.00	0.00	100.00	100.00	48.00	35.00	0.00	II
亮江	LJ-1	19.00	23.00	47.00	5.00	6.00	100.00	81.00	58.00	11.00	6.00	III
	LJ-2	0.00	42.00	10.00	32.00	16.00	100.00	100.00	58.00	48.00	16.00	II
鉴江	JJ-1	0.00	6.00	11.00	43.00	40.00	100.00	100.00	94.00	83.00	40.00	IV
	JJ-2	0.00	8.00	27.00	48.00	17.00	100.00	100.00	92.00	65.00	17.00	IV
对江河	DJH	0.00	53.00	14.00	25.00	8.00	100.00	100.00	47.00	33.00	8.00	II

表 4-18　枯水期模糊综合评价结果

流域	监测点	隶属度/%					迭加隶属度/%					评价等级
		I	II	III	IV	V	I	II	III	IV	V	
干流	QSJ-1	12.00	3.00	36.00	18.00	31.00	100.00	88.00	85.00	49.00	31.00	III
	QSJ-2	17.00	7.00	14.00	43.00	19.00	100.00	83.00	76.00	62.00	19.00	IV
	QSJ-3	20.00	8.00	7.00	40.00	25.00	100.00	80.00	72.00	65.00	25.00	IV
	QSJ-4	4.00	0.00	3.00	3.00	90.00	100.00	0.00	96.00	93.00	90.00	V
	QSJ-5	5.00	0.00	4.00	10.00	81.00	100.00	95.00	95.00	91.00	81.00	V

流域	监测点	隶属度/%					迭加隶属度/%					评价等级
		I	II	III	IV	V	I	II	III	IV	V	
干流	QSJ-6	3.00	0.00	0.00	7.00	90.00	100.00	97.00	97.00	97.00	90.00	V
	QSJ-7	1.00	12.00	3.00	23.00	61.00	100.00	99.00	87.00	84.00	61.00	V
	QSJ-8	0.00	12.00	10.00	18.00	60.00	100.00	100.00	88.00	78.00	60.00	V
	QSJ-9	0.00	10.00	7.00	13.00	70.00	100.00	100.00	90.00	83.00	70.00	V
	QSJ-10	0.00	9.00	10.00	13.00	68.00	100.00	100.00	91.00	81.00	68.00	V
	QSJ-11	0.00	8.00	8.00	14.00	70.00	100.00	100.00	92.00	84.00	70.00	V
	QSJ-12	0.00	7.00	11.00	16.00	66.00	100.00	100.00	93.00	82.00	66.00	V
	QSJ-13	2.00	11.50	0.50	13.90	72.10	100.00	98.00	86.50	86.00	72.10	V
	QSJ-14	2.00	11.50	0.50	13.90	72.10	100.00	98.00	86.50	86.00	72.10	V
	QSJ-15	7.00	4.00	10.00	16.00	63.00	100.00	93.00	89.00	79.00	63.00	V
	QSJ-16	12.00	0.00	12.00	45.00	31.00	100.00	88.00	88.00	76.00	31.00	IV
	QSJ-17	15.00	0.00	15.00	59.00	11.00	100.00	85.00	85.00	70.00	11.00	IV
大河	DH	30.00	2.00	50.00	18.00	0.00	100.00	70.00	68.00	18.00	0.00	III
羊昌河	YCH	36.00	18.00	3.00	17.00	26.00	100.00	64.00	46.00	43.00	26.00	II
重安江	CAJ-1	0.60	0.00	0.30	0.80	98.30	100.00	99.40	99.40	99.10	98.30	V
	CAJ-2	0.90	0.10	0.00	0.50	98.50	100.00	99.10	99.00	99.00	98.50	V
	CAJ-3	1.00	0.00	0.00	3.00	96.00	100.00	99.00	99.00	99.00	96.00	V
卡龙河	KLH	11.00	0.00	0.00	38.00	51.00	100.00	89.00	89.00	89.00	51.00	V
巴拉河	BLH-1	36.50	32.40	3.00	27.60	0.50	100.00	63.50	31.10	28.10	0.50	II
	BLH-2	29.00	39.00	32.00	0.00	0.00	100.00	71.00	32.00	0.00	0.00	II
台江河	TJH	41.00	10.00	49.00	0.00	0.00	100.00	59.00	49.00	0.00	0.00	II
密瓮河	MWH	4.00	8.00	11.00	29.00	48.00	100.00	96.00	88.00	77.00	48.00	IV
太拥河	TYH	50.00	30.00	20.00	0.00	0.00	100.00	50.00	20.00	0.00	0.00	II
乌下河	WXH	0.00	0.00	25.00	53.00	22.00	100.00	100.00	100.00	75.00	22.00	IV
六洞河	LDH-1	40.00	23.00	30.00	7.00	0.00	100.00	60.00	37.00	7.00	0.00	II
	LDH-2	21.00	0.00	32.90	45.70	0.40	100.00	79.00	79.00	46.10	0.40	III
	LDH-3	32.00	19.00	41.00	8.00	0.00	100.00	68.00	49.00	8.00	0.00	II
亮江	LJ-1	24.00	32.00	17.00	27.00	0.00	100.00	76.00	44.00	27.00	0.00	II
	LJ-2	30.00	26.00	27.90	16.10	0.00	100.00	70.00	44.00	16.10	0.00	II
鉴江	JJ-1	11.90	15.10	26.30	46.00	0.70	100.00	88.10	73.00	46.70	0.70	III
	JJ-2	21.00	0.00	15.00	63.00	1.00	100.00	0.00	79.00	64.00	1.00	IV
对江河	DJH	26.00	2.00	28.00	44.00	0.00	100.00	74.00	72.00	44.00	0.00	III

4.3.3　主控因子分析

对比各采样点的 TN、TP、COD_{Cr}、DO 对清水江流域水体富营养化所做的贡献率（p_i）可知，TP 的平均贡献率最大，丰水期为 37.2%，枯水期为 38.2%；其次为 TN 的贡献率，丰水期为 36.7%，枯水期为 24.5%，两者总的贡献率：丰水期为 73.9%，枯水期为 72.7%。而 COD_{Cr} 丰水期和枯水期的贡献率分别为 11.3% 和 19.1%；DO 丰水期和枯水期的贡献率分别为 14.9% 和 18.2%。由此可知，清水江流域水体的富营养化主要是由磷元素和氮元素引起的。

N/P 对水体中藻类的爆发性生长具有重要意义，能够反映水体中浮游植物生长的总效应。Redfield 认为浮游植物生长所需的 N/P 为 16/1，其可作为藻类快速生长对元素需求比例的依据。但也有研究表明当淡水水体中 N/P＜7 时氮是可能的限制性营养元素，N/P＞7 则为磷限制[6, 27]。清水江流域丰水期 N/P 范围为 0.73～624.00，枯水期 N/P 范围为 0.69～127.04。其中干流上丰水期表现为氮限制的河段主要分布在重安江汇入之后的旁海（4 号）到南加（9 号）之间的河段上，该河段的 N/P 平均值为 2.86，而干流上的其他河段均表现为磷限制。枯水期表现为氮限制的河段主要分布在旁海（4 号）到翁洞（17 号）之间的河段上，N/P 平均值为 2.13。而只有位于上游的兴仁桥断面（1 号）到凯里市下游处（3 号）之间的河段表现为磷限制。在支流上无论是丰水期还是枯水期清水江流域的支流重安江和卡龙河上 N/P 平均值为分别为 0.92 和 5.06，可以看出氮质量浓度相对略低，主要表现为氮限制，对于这两条支流水体富营养化的控制，关键在于控制磷的含量，而其他支流均表现为磷限制。

4.4　本章小结

本书通过对清水江流域选取的 37 个采样点的主要水质指标的测定，运用综合水质标识指数对其水质进行评价，结合聚类分析和因子分析对其污染源进行分析，探索清水江流域的水污染特征。并运用对数型幂函数普适指数公式和模糊综合评价法对其富营养化风险进行评价，获得以下主要结论及认识：

（1）清水江流域氮、磷质量浓度严重超标，TN 的平均质量浓度为 2.08 mg/L，TP

的平均质量浓度为 0.80 mg/L，分别为《地表水环境质量标准》Ⅴ类水标准的 1.04 倍和 2 倍，其中清水江流域的磷元素主要以 PO_4-P 的形式存在。而 COD_{Cr} 含量较低，且无论是丰水期还是枯水期其平均值均低于《地表水环境质量标准》的Ⅰ类水标准（15 mg/L）。DO 的浓度波动较大，除丰水期的 4 个采样点，其余均能达标。

（2）清水江流域水质指标时空分布特征明显，在时间尺度上，干流上 TN 的浓度丰水期略高于枯水期，TP 除旁海（4 号）到柳川（7 号）之间外其他河段均是枯水期高于丰水期，而在支流重安江上两者均表现为枯水期高于丰水期；氟化物在干流以及支流重安江、卡龙河上表现为枯水期略高于丰水期，其他支流上丰水期略高于枯水期或两个时期接近；DO 在除干流上的少数采样点外，基本表现为枯水期高于丰水期。在空间尺度上，氮元素表现为上游＞中游＞下游；磷元素则表现为中游＞下游＞上游；氟化物表现为中游＞下游＞上游。

（3）清水江流域总体水质较差，丰水期干流上只有位于下游的远口水库（15 号）和汇出省界处的翁洞（17 号）达到了水功能区类别，枯水期时仅有翁洞（17 号）达到了水功能区类别。支流重安江均是劣Ⅴ类水质，达到重度污染水平，其次是卡龙河和密翁河，其他支流水质均能满足相应的水功能区类别。从时间上来看枯水期的水质较丰水期差；空间上清水江流域丰水期和枯水期变化趋势较为相似，无论是在干流上还是在支流上从上游到下游呈现的均是降低—升高—降低的趋势，且升高的河段均是位于福泉附近。

（4）清水江流域上游的污染源主要是人为活动的市政污水，中游丰水期主要是受市政污水的影响，但枯水期主要是受流域附近的磷化工及其他的化工、化肥企业带来的工业废水的污染，下游的污染相对较低。

（5）根据对数型幂函数指数和模糊综合评价法均能得知，清水江流域已呈现一定程度的富营养化。总体上从上游到中游呈逐渐加深的趋势，在中游的柳川（7 号）之后又呈下降的趋势，但是基本均能达到富营养化水平。其中富营养化程度最严重的位于清水江流域的支流重安江以及干流的旁海（4 号）到剑河（6 号）之间的河段上。

（6）根据 N/P 可知，清水江流域丰水期干流上的旁海（4 号）到翁洞（17 号）之间的河段表现为氮限制，其他河段表现为磷限制；枯水期时只有位于上游的兴仁桥断面（1 号）到凯里市下游处（3 号）之间的河段表现为磷限制，干流上的上游和中游河段均表现为氮限制。支流上无论是丰水期还是枯水期重安江和卡龙河均表现为氮限制，而其他支流表现为磷限制。

参考文献

[1] 段然，曾理，吴泫翰，等. 清水江流域水质污染现状评价及趋势分析[J]. 环保科技，2012，18（3）：23-27.

[2] 高伟，王西琴，曾勇. 太湖流域西苕溪 1972—2008 年径流量变化趋势与原因分析[J]. 中国农村水利水电，2010，6：33-37.

[3] 李凤清，叶麟，刘瑞秋，等. 三峡水库香溪河库湾主要营养盐的入库动态[J]. 生态学报，2008，28（5）：2073-2079.

[4] Haggard B E，Stanley E H，Hyler R. Sediment-Phosphorus Relationships in Three Northcentral Oklahoma Streams[J]. Transactions of the Asae，1999，42（6）：1709-1714.

[5] Smith D R，Warnemuende E A，Haggard B E，et al. Changes in sediment–water column phosphorus interactions following sediment disturbance[J]. Ecological Engineering，2006，27（1）：71-78.

[6] 单保庆，菅宇翔，唐文忠，等. 北运河下游典型河网区水体中氮磷分布与富营养化评价[J]. 环境科学，2012，33（2）：352-358.

[7] Kawabe M，Kawabe M. Factors Determining Chemical Oxygen Demand in Tokyo Bay[J]. Journal of Oceanography，1997，53（5）：443-453.

[8] 刘园. 清水江流域总磷、氟化物污染现状分析[J]. 贵州化工，2010，35（5）：33-35.

[9] 刘以礼，杨贤，冯匀强，等. 贵州清水江水质状况及主要污染物[J]. 北方环境，2013，29（2）：111-115.

[10] 胡成，苏丹. 综合水质标识指数法在浑河水质评价中的应用[J]. 生态环境学报，2011，20（1）：186-192.

[11] 吴开亚，金菊良. 区域生态安全评价的熵组合权重属性识别模型[J]. 地理科学，2008，28（6）：754-758.

[12] Shrestha S，Kazama F. Assessment of surface water quality using multivariate statistical techniques：A case study of the Fuji river basin，Japan[J]. Environmental Modelling & Software，2007，22（4）：464-475.

[13] Singh K P，Malik A，Mohan D，et al. Multivariate statistical techniques for the evaluation of spatial and temporal variations in water quality of Gomti River（India）—a case study[J]. Water Research，2004，38（18）：3980-3992.

[14] Liu C，Lin K，Kuo Y. Application of factor analysis in the assessment of groundwater quality in a blackfoot disease area in Taiwan[J]. Science of the Total Environment，2003，313（1-3）：77-89.

[15] Singh K P，Malik A，Sinha S. Water quality assessment and apportionment of pollution sources of Gomti river（India） using multivariate statistical techniques—a case study[J]. Analytica Chimica Acta，2005，538（1-2）：355-374.

[16] Zhou F，Huang G H，Guo H，et al. Spatio-temporal patterns and source apportionment of coastal water pollution in eastern Hong Kong[J]. Water Research，2007，41（15）：3429-3439.

[17] Su S，Zhi J，Lou L，et al. Spatio-temporal patterns and source apportionment of pollution in Qiantang River（China） using neural-based modeling and multivariate statistical techniques[J]. Physics & Chemistry of the Earth Parts A/b/c，2011，36（9-11）：379-386.

[18] 李祚泳，汪嘉杨，郭淳. 富营养化评价的对数型幂函数普适指数公式[J]. 环境科学学报，2010，30（3）：664-672.

[19] 张洪，林超，雷沛，等. 海河流域河流富营养化程度总体评估[J]. 环境科学学报，2015，35（8）：2336-2344.

[20] 韩曦，王丽，周平，等. 淮河（安徽段）南岸诸河流水质标识指数评价[J]. 湿地科学，2012，10（1）：46-57.

[21] 舒金华. 我国湖泊富营养化程度评价方法的探讨[J]. 环境污染与防治，1990，5：2-7，47.

[22] 孙清展，臧淑英，张囡囡，等. 基于蒙特卡罗方法的扎龙湿地水环境质量评价[J]. 湿地科学，2013，11（1）：75-81.

[23] 潘峰，付强，梁川. 模糊综合评价在水环境质量综合评价中的应用研究[J]. 环境工程，2002，20（2）：58-61.

[24] 谭路，蔡庆华，徐耀阳，等. 三峡水库175 m 水位试验性蓄水后春季富营养化状态调查及比较[J]. 湿地科学，2010，8（4）：331-338.

[25] 赵学敏，马千里，姚玲爱，等. 龙江河水体中氮磷水质风险评价[J]. 中国环境科学，2013，33（S1）：233-238.

[26] 金颖薇，朱广伟，许海，等. 太湖水华期营养盐空间分异特征与赋存量估算[J]. 环境科学，2015，36（3）：936-945.

[27] Bulgakov N G，Levich A P. The nitrogen：Phosphorus ratio as a factor regulating phytoplankton community structure[J]. Archiv Fur Hydrobiologie，1999，146（1）：3-22.

第5章
清水江流域"源—汇"景观格局变化对水质的响应

5.1　遥感影像数据来源与预处理

本章数据源包括：①研究区 2002 年、2009 年的 TM 影像、ETM+影像及 2013 年 OLI 遥感影像，分辨率均为 30 m；②1∶1 500 000 贵州省政区图；③遥感影像判读标志野外调查数据；④下载于 http：//srtm.csi.cgiar.org/的 DEM 数据，分辨率为 90 m；⑤清水江流域图。首先，借助 ERDAS 遥感处理软件，利用多项式模型对遥感影像进行几何校正（校正时均方根误差控制在 0.5 个像元内）、影像拼接、影像裁剪，生成研究区的遥感影像图。根据研究区遥感影像对 DEM 图进行图像配准，以便于空间叠加分析。

获得清水江流域 2002 年、2009 年和 2013 年的遥感影像图后，在 ERDAS 软件中，利用监督分类与人工目视判读解译相结合，并辅以 2013 年野外调查数据对解译结果进行修正。根据《土地利用现状分类》（GB/T 21010—2007）[1]，并结合研究区实际情况及 TM、OLI 遥感影像的实际可识别能力，将土地利用类型分为有林地、灌木林地（包括疏林地和其他林地）、草地、水域、耕地、建设用地及未利用地 7 类。

5.1.1　遥感影像的来源

选取 2002 年、2009 年的遥感 TM、ETM+影像和 2013 年的遥感 OLI 影像。需要六景遥感影像才能覆盖整个清水江流域，轨道号（WRS）分别为 127/41 和 127/42，126/41 和 126/42，125/41 和 125/42。2002 年、2009 年及 2013 年各遥感影像的详细信息如表 5-1、表 5-2、表 5-3 所示。

表 5-1　2002 年清水江流域遥感影像数据源详细信息

轨道号	日期	波段	服务器	数据来源
127/41	2001.09.28	TM	Landsat-5	USGS
127/42	2002.08.30	TM	Landsat-5	USGS
126/41	2002.08.31	ETM+	Landsat-7	CEODE
126/42	2002.08.31	ETM+	Landsat-7	CEODE
125/41	2002.09.25	ETM+	Landsat-7	CEODE
125/42	2001.09.30	TM	Landsat-5	USGS

表 5-2　2009 年清水江流域遥感影像数据源详细信息

轨道号	日期	波段	服务器	数据来源
127/41	2009.11.05	TM	Landsat-5	CEODE
127/42	2009.11.05	TM	Landsat-5	CEODE
126/41	2009.01.30	TM	Landsat-5	CEODE
126/42	2009.01.30	TM	Landsat-5	CEODE
125/41	2009.11.23	TM	Landsat-5	CEODE
125/42	2009.11.23	TM	Landsat-5	CEODE

表 5-3　2013 年清水江流域遥感影像数据源详细信息

轨道号	日期	波段	服务器	数据来源
127/41	2013.09.29	OLI	Landsat-8	CEODE
127/42	2013.09.29	OLI	Landsat-8	CEODE
126/41	2013.04.15	OLI	Landsat-8	GSCloud
126/42	2013.04.15	OLI	Landsat-8	GSCloud
125/41	2013.09.15	OLI	Landsat-8	CEODE
125/42	2013.09.15	OLI	Landsat-8	CEODE

注：表 5-1～表 5-3 中，USGS 代表美国地质勘探局（United States Geological Survey，USGS），网址为 http：//glovis.usgs.gov/；CEODE 代表中国科学院对地观测与数字地球科学中心（The Center for Earth Observation and Digital Earth，Chinese Academy of Science，简称对地观测中心、CEODE），网址为 http：//ids.ceode.ac.cn/；GSCloud 代表地理空间数据云（Geospatial Data Cloud），网址为 http：//www.gscloud.cn。

5.1.2　遥感影像预处理

（1）波段的选取与波段的融合。5.1.1 节中遥感影像除了 ETM+遥感影像下载获取时已经通过波段融合外，剩余的遥感影像均是单波段，需要对其进行融合。遥感通过不同的波段来记录地物波谱的特征差异，充分利用这些信息，可以更有效地识别地物[2]。TM遥感影像包括 7 个波段，由于第 6 波段为热红外波段，常用于探测地物的热辐射，空间分辨率为 120 m，较其他波段低，因而在波段选择时排除第 6 波段。本书 TM 遥感影像采用 1，2，3，4，5，7 波段，并按照 5，4，3 顺序分别赋予 R（红）、G（绿）、B（蓝）标准假彩色进行地物识别。OLI 遥感影像包括 9 个波段，除第 8 波段（全色波段）空间分辨率为 15 m 外，其余的波段空间分辨率均为 30 m。OLI 遥感影像的波段选择跟 TM遥感影像一致，选择 2，3，4，5，6，7 波段。

表 5-4　TM 遥感影像与 OLI 遥感影像主要参数对比

OLI				TM			
波段号	波段	波长/μm	空间分辨率/m	波段号	波段	波长/μm	空间分辨率/m
1	深蓝	0.43～0.45	30	1	蓝	0.45～0.52	30
2	蓝	0.45～0.51	30	2	绿	0.52～0.60	30
3	绿	0.53～0.59	30	3	红	0.63～0.69	30
4	红	0.64～0.67	30	4	近红外	0.76～0.90	30
5	近红外	0.85～0.88	30	5	短波红外	1.55～1.75	30
6	短波红外	1.57～1.65	30	6	热红外	10.40～12.50	120
7	短波红外	2.11～2.29	30	7	短波红外	2.08～2.35	30
8	全色	0.50～0.68	15				
9	卷云	1.36～1.38	30				

（2）图像拼接。遥感影像经过波段融合后，得到包含丰富地物的单景遥感图像。而研究区清水江流域需要六景遥感影像才能完全覆盖，因此需要对遥感影像进行拼接。为了保证拼接后的遥感影像质量，将有云、有噪声的遥感影像尽量进行遮盖，避免影响后期遥感影像的分类，采用接缝线拼接。接缝线就是在拼接的过程中，在相邻的两个图像的重叠区域内，按照一定规则选择一条线作为两个图的接缝线。利用 AOI 工具画接缝线时，应尽可能地沿着线性地物走，如河流和道路等。同时要注意方法，尤其是当两幅影像的质量相差较大时，要将质量好的遥感影像放在上面，同时用接缝线去掉有云和噪声的图像区域，这样就可以保持整幅图像的总体平衡，产生浑然一体的效果。另外，为了去除接缝处影像不一致的问题，还要对接缝处进行羽化处理，从而使接缝处变得模糊并融入影像中去。

（3）图像配准。为了获得研究区遥感影像，需要对拼接后的遥感按照研究区边界线进行裁剪。图像配准的目的是获取研究区边界。本章通过利用遥感影像对 1∶500 000 贵州省行政区图进行配准，再根据贵州省行政区图对流域图进行配准。校准的方法采用几何校正。清水江流域图来源于唐从国等（2009）的研究。

ERDAS Imagine 9.1 为用户提供了 16 种几何校正模型，在此选用常用的多项式模型（Polynomial）。几何校正前，首先需要根据多项式的阶数，采用最小二乘法计算出地面控制点的点数；其次，在影像中选取足够多的地面控制点，建立影像坐标与地面坐标的对应关系，从而将整张遥感影像进行转换。地面控制点的个数既不能太多也不能太少，太多会影响图像处理效率，太少会导致几何校正的精度不够，因此应该选择适当数量的控制点，除满足最小二乘法外，还要额外增加。地面控制点一般选择图上的特殊点，一般为河流的拐点、河流的交叉点以及典型地物的边界、四角等。另外，地面控制点选取时必须在图像上均匀分布。配准前后的贵州省行政区图及流域图如图 5-1 和图 5-2 所示。

（4）图像裁剪。经过图像配准后，利用 ERDAS Imagine 9.1 中的多边形 AOI 工具根据配准后的流域边界绘制研究区边界，尽量保证研究区边界的平滑性，避免出现折线。将此 AOI 多边形保存，作为清水江流域的边界。应用此任意多边形在 ERDAS Imagine 9.1 软件中的图像裁剪模块（Data Preparation）依次对拼接完成后的 2002 年、2009 年及 2013 的遥感图像进行裁剪，并输出结果。至此，完成了研究区遥感影像的预处理，获得清水江流域 2002 年、2009 年和 2013 年的遥感影像图（图 5-3）。

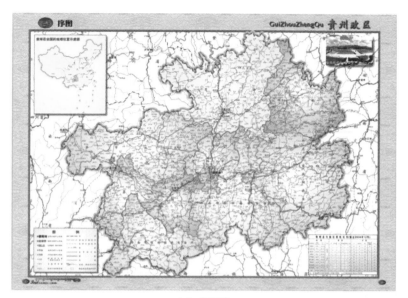

（a）校正前

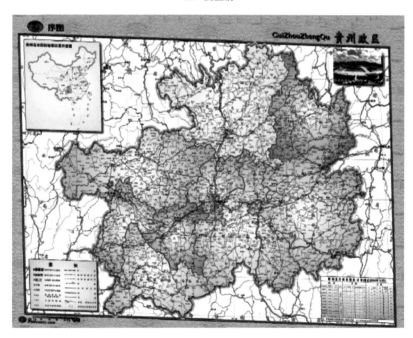

（b）校正后

图 5-1　贵州省政区图几何校正前后对比

111

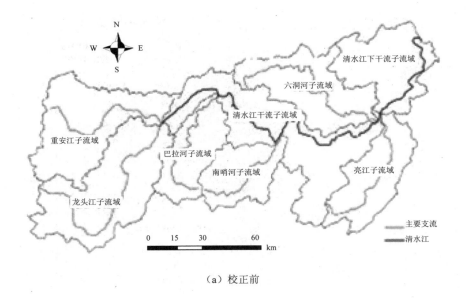

（a）校正前

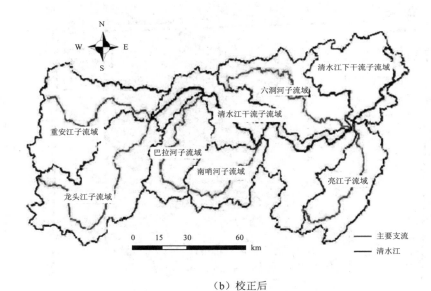

（b）校正后

图 5-2　清水江流域图几何校正前后对比

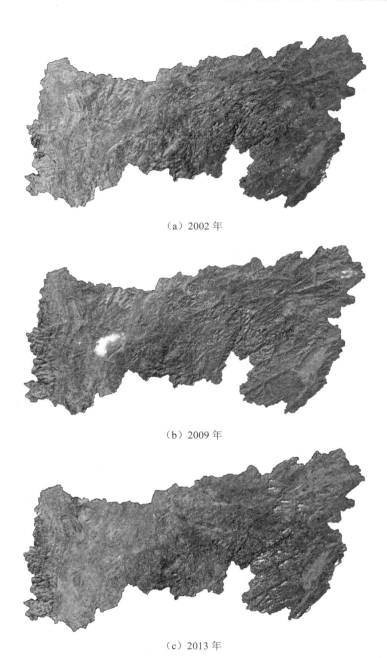

（a）2002 年

（b）2009 年

（c）2013 年

图 5-3 预处理后的遥感影像

5.1.3　土地利用的遥感影像分类

（1）构建分类体系。根据清水江流域土地资源的实际状况，参照《土地利用现状分类》（GB/T 21010—2007）（中华人民共和国国家质量监督检验检疫总局和中国国家标准化管理委员会，2007），将清水江流域的土地利用类型分为耕地、林地、草地、水域、建设用地和未利用地六大类，其中耕地又分为水田和旱地，林地又分为有林地和灌木林地，如表 5-5 所示。

表 5-5　清水江流域的土地利用分类体系

一级地类	二级地类	基本含义
耕地	旱地	指没有水源保证及灌溉设施，靠天然降水生长作物的农耕地
	水田	指有水源保证和灌溉设施，在一般年景能正常灌溉，种植旱生农作物的耕地
林地	有林地	指树木郁闭度≥0.2 的乔木，包括红树林地和竹林地
	灌木林地	指灌木覆盖度≥40%的林地。包括疏林地（指树木郁闭度大于 0.1 且小于 0.2 的林地）、未成林地、迹地、苗圃等林地
草地	—	指生长草本植物为主的土地
水域	河流	指自然的河道和其他线形水域，包括沟渠
	水库	指面状水域，包括水库、湖泊、池塘等
建设用地	—	建筑物和道路占大部分土地，人工建筑物占整个地面的 50%以上
未利用地	—	指裸土地和裸岩、滩涂等未利用地

（2）建立解译标志。遥感影像上不同的地类通常有着不同的光谱或纹理特征，这些特征是对遥感影像分类的前提，是识别不同地物的判读依据，称之为解译或判读标志。本次研究为保证解译标志的正确性和可靠性，在室内对遥感影像进行详细的分析与研究的基础上，于 2013 年 8 月及 2014 年 1 月分别进行了为期一周的解译区的实地调查，野外调查结合 GPS 定点技术，拍摄了多组不同土地利用类型的照片（部分照片见附录1），通过实际调查与计算机判读的反复验证，确定了研究区不同地类的解译标志（表 5-6）。

表 5-6　研究区地物解译标志

地类		影像图	特征
建设用地			建设用地形状规则，呈团状或者片状，在影像上呈紫蓝色，一般有交通线穿过，居民点内部和村庄周围通常栽种树木，呈红色阴影
水域			呈深蓝色，在影像上一般较宽并呈弯曲带状，水的色调与水的深浅有关：水深则色调深，水浅则色调浅
耕地	旱地	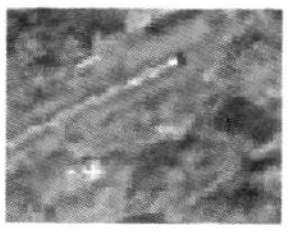 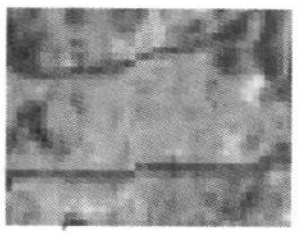	呈浅红色，影像纹理较细腻，呈条块状
	水田	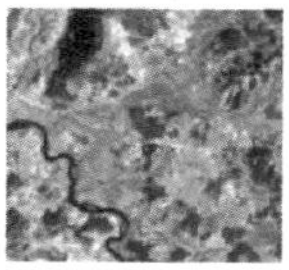 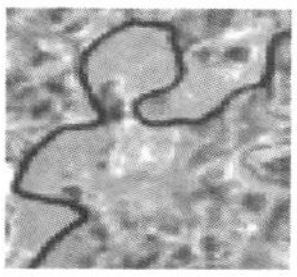	呈蓝色或亮蓝色，影像纹理较细腻，一般呈条块状
草地			零星分布的草地呈黄色，颜色柔和均匀，纹理细腻，形状不规则；成片分布的草地呈粉红色，纹理粗糙
有林地			呈深绿色、褐色或暗红色，纹理较粗糙，几何特征较规则，边界清楚，空间上呈格网状或颗粒状
灌木林地			呈黄绿色或灰黄色，分布于丘陵及河谷两侧，多呈条带状
未利用地			呈白色、灰白色，边界清晰，形状不规则，多为零星分布

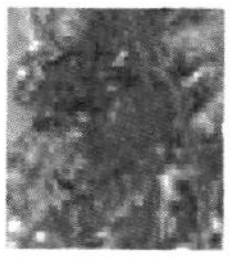

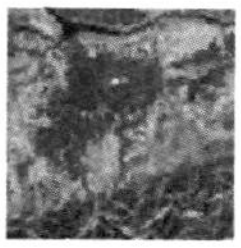

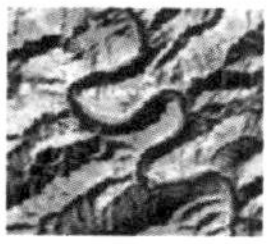

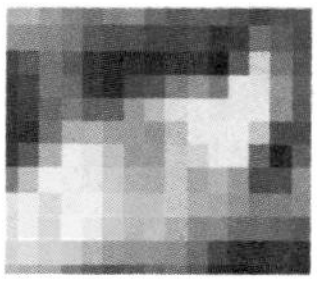

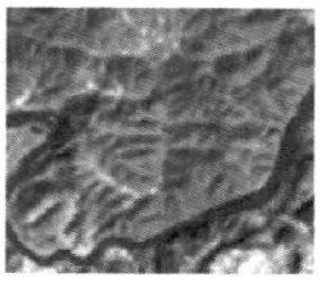

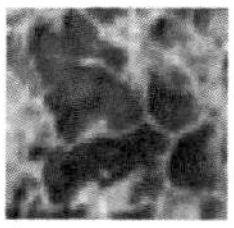

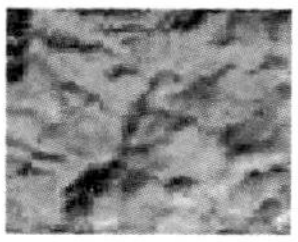

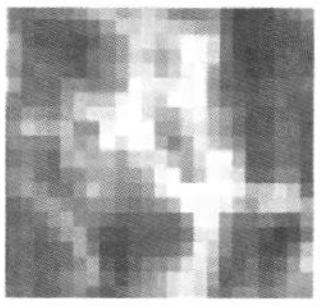

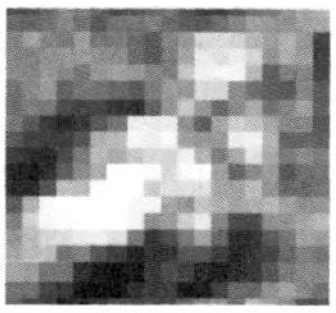

115

（3）遥感影像的分类及分类后处理。建立好解译标志后，以 ERDAS Imagine 9.1 为平台，针对土地利用分类体系中的每个类别，选取足够数量的样本构建分类模板。本书所列 2002 年、2009 年、2013 年分类模板土地利用类型分别分为 30 类、34 类、22 类。采用可能性矩阵对分类模板进行评价，总体误差矩阵值均大于 85%。根据构建的模板采用监督分类中的最大似然法进行分类。分类后对分类精度进行评价，2002 年、2009 年、2013 年分类总体精度达到 86.3%、83.4%、92.6%。分类后处理采用聚类统计和去除分析，再对分类后处理后的图像进行重编码，最终合并成有林地、灌木林地、耕地、草地、水域、建设用地和未利用地 7 类。得到三期土地利用现状图，如图 5-4 所示。

（a）2002 年

（b）2009 年

图例
有林地
灌木林地
草地
水域
耕地
建设用地
未利用地

（c）2013 年

图 5-4　清水江流域土地利用分类图

5.2　水质数据来源

选取 1996—2013 年清水江流域的水质数据进行研究。水质监测数据来源于贵州省环境监测中心站，确保了数据的可靠性。其中，2011—2013 年的水质监测数据不全，因此只分析了 1996—2010 年的水质时空变化情况。

1996—2006 年 3 月清水江流域主干流有 7 个省控断面，分别为茶园、川弓、营盘、下司、机务段、湾溪、白市。2006 年 4 月起新增 3 个监测断面，分别为兴仁桥、旁海、革东。清水江流域各监测断面位置具体见图 5-5。主要监测指标有 pH、溶解氧、化学需氧量（COD_{Mn}）、氨氮等。本书选取溶解氧（DO）、化学需氧量（COD_{Mn}）、五日生化需氧量（BOD_5）、氨氮（NH_3-N）进行研究。

2013 年的清水江流域的水质数据来源于枯水期和丰水期采样分析数据。课题组分别在 2013 年 8 月和 2014 年 1 月对清水江流域枯水期和丰水期进行采样分析。采样点总计 44 个，基本覆盖了清水江全流域的各个支流和干流。水样的采集、运输和保存按照《地表水和污水监测技术规范》执行，水样水质指标的测定均按照《水和废水监测分析方法（第四版）》进行。测定过程中每 5 个样品中插入 1 个平行样和 1 个加标样，测试误差控制在 5%以内。

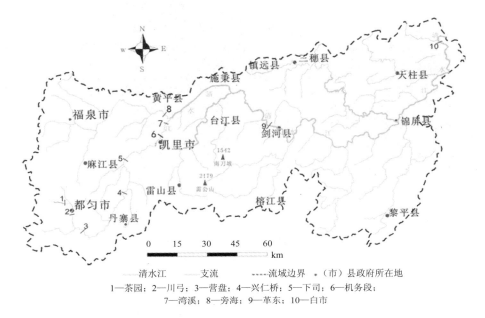

1—茶园；2—川号；3—营盘；4—兴仁桥；5—下司；6—机务段；
7—湾溪；8—旁海；9—革东；10—白市

图 5-5　清水江流域监测断面

5.3　清水江流域土地利用变化研究

土地利用变化涉及的方面非常多，过程也较复杂。因此，建立以简化为特征的各种土地利用动态变化模型，可以对土地利用动态特征进行直观分析。一般从时间变化情况、空间变化情况和质量变化情况 3 个方面探讨区域的土地利用变化情况。通过分析不同土地利用类型的总量变化，可以明确区域土地利用变化的总体趋势。

本书主要从土地利用结构特征、土地利用类型总量变化特征、土地利用转移变化特征和土地利用程度变化特征几个方面着手，研究清水江流域土地利用结构的变化。

5.3.1 研究区土地利用结构分析

将 2002 年及 2013 年清水江流域土地利用现状图导入 ERDAS Imagine 9.1 中，在属性数据库中分别导出 2002 年及 2013 年研究区各类土地利用数据，研究近 10 年来清水江流域土地利用结构特征。

清水江流域 2002 年及 2013 年土地利用结构如表 5-7、图 5-6 所示。从表 5-7、图 5-6 中可看出，在数量上，两个时期的土地构成状况基本一致。面积最大的为有林地，分别占总面积的 50.26%、44.76%；面积最小的为水域，分别占总面积的 0.75%、0.76%；两个时期各种土地利用类型的面积比例大小顺序为有林地＞灌木林地＞耕地＞草地。

表 5-7　研究区土地利用面积及面积比例

土地利用类型	面积/hm²		面积比例/%	
	2002 年	2013 年	2002 年	2013 年
有林地	841 641	749 600	50.26	44.76
灌木林地	406 650	462 220	24.28	27.60
草地	109 939	173 500	6.56	10.36
水域	12 595.9	12 728	0.75	0.76
耕地	162 082	210 009	14.84	12.54
建设用地	21 133.4	34 834	1.26	2.08
未利用地	34 093.3	33 327	2.04	1.99

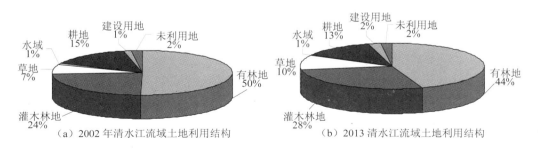

（a）2002 年清水江流域土地利用结构　　　（b）2013 清水江流域土地利用结构

图 5-6　清水江流域各土地利用类型所占比重

5.3.2　研究区土地利用类型总量变化分析

为了分析清水江流域土地利用变化情况，引入土地利用变化幅度和土地利用变化动态度。土地利用变化动态度反映区域土地利用变化的速度和剧烈程度[3]，单一土地利用动态度的表达式如式（5.1）所示。

$$R = \frac{U_b - U_a}{U_a} \times \frac{1}{T} \times 100\% \tag{5.1}$$

式中：U_a、U_b —— 时间段 a 与 b 之间的某一种土地类型的数量；

$\quad\quad$ T —— 时间段；

$\quad\quad$ R —— 研究时段内的某一土地类型的变化率。

将 2002 年和 2013 年变化数据导入式（5.1）计算，求出各土地利用类型变化幅度，计算结果见表 5-8 及图 5-7。

表 5-8　研究区土地利用变化幅度

土地利用类型	2002 年/hm²	2013 年/hm²	面积变化/hm²	比例变化/%	变化幅度/%	年变化率/%
有林地	841 621	749 521	−92 099	−5.50	−10.94	−0.99
灌木林地	406 577	462 171	55 595	3.32	13.67	1.24
草地	109 849	173 482	63 632	3.80	57.93	5.27
水域	12 559	12 726	167	0.01	1.33	0.12
耕地	248 501	209 987	−38 514	−2.30	−15.50	−1.41
建设用地	21 099	34 830	13 731	0.82	65.08	5.92
未利用地	34 160	33 323	−837	−0.05	−2.45	−0.22

注："+"表示该类土地增加；"−"表示该类土地减少。

由表 5-8 及图 5-7 可看出，2002—2013 年各土地利用类型均有不同程度的变化。清水江流域各土地利用类型中，面积减少的土地利用类型有：有林地、耕地、未利用地，其中减少最多的为有林地；面积增加的土地利用类型有灌木林地、草地、水域、建设用地，其中增加最多的为草地，其次为灌木林地。清水江流域各土地利用类型中，变化幅度及年变化率的大小顺序为建设用地＞草地＞耕地＞灌木林地＞有林地＞未利用地＞水域。

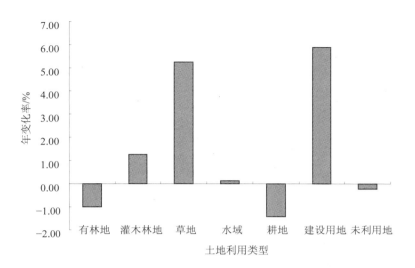

图 5-7　2002—2013 年各土地利用类型年变化率

5.3.3　研究区土地利用转移变化分析

为了获得研究区不同阶段土地利用各类型之间相互转换的数量关系，引入土地利用类型转移矩阵，对研究区的土地利用转移变化情况进行分析。转移矩阵的模型如下：

$$\boldsymbol{A} = \begin{vmatrix} A_{11} & A_{12} & \dots & A_{1n} \\ A_{21} & A_{22} & \dots & A_{2n} \\ \vdots & \vdots & & \vdots \\ A_{n1} & A_{n2} & \dots & A_{nn} \end{vmatrix} \qquad (5.2)$$

式中：$\boldsymbol{A}$ —— 转移矩阵；

　　A_{ij} —— 面积，i，j 分别代表研究初期与研究末期的土地利用类型；

　　n —— 土地利用类型数。

通过转移矩阵可以计算研究初期 i 种土地利用类型转变为研究末期 j 种土地利用类型的比例，公式为：

$$B_{ij} = A_{ij} \times 100 / \sum_{j=1}^{n} A_{ij} \quad\quad （5.3）$$

也可以计算研究末期的 j 种土地利用类型由研究初期 i 种土地利用类型转化而来的比例，计算公式如下所示：

$$C_{ij} = A_{ij} \times 100 / \sum_{i=1}^{n} A_{ij} \quad\quad （5.4）$$

在 ERDAS Imagine 9.1 中，利用 Matrix 功能模块，对 2002 年和 2013 年土地利用分类现状进行转移矩阵运算，获得 2002—2013 年土地利用变化转移矩阵 A，再根据公式计算，整理分析出结果，即研究初期 i 种土地利用类型转变为研究末期 j 种土地利用类型的比例 B_{ij}，研究末期的 j 种土地利用类型由研究初期 i 种土地利用类型转化而来的比例 C_{ij}。具体如表 5-9 所示。

表 5-9　2002—2013 年清水江流域土地利用类型面积转移矩阵

2002 年土地利用类型		2013 年土地利用类型							转出量
		有林地	灌木林地	草地	水域	耕地	建设用地	未利用地	
有林地	A	511 958	205 908	61 765	456	55 513	6 553	89	329 290
	B	60.79	24.45	7.33	0.05	6.59	0.78	0.01	
	C	68.30	44.55	35.60	3.32	26.44	18.81	0.27	
灌木林地	A	146 131	176 210	44 579	393	32 118	3 134	496	226 850
	B	36.26	43.72	11.06	0.10	7.97	0.78	0.12	
	C	19.50	38.13	25.70	2.86	15.30	9.00	1.50	
草地	A	40 363	21 555	26 673	1 039	20 041	3 785	146	86 930
	B	35.53	18.97	23.48	0.91	17.64	3.33	0.13	
	C	5.39	4.66	15.37	7.57	9.54	10.87	0.44	
水域	A	94	63	889	10 421	671	415	6	2138
	B	0.75	0.50	7.08	82.98	5.35	3.30	0.05	
	C	0.01	0.01	0.51	75.92	0.32	1.19	0.02	
耕地	A	49 968	57 050	37 340	995	95 355	8 287	1 086	154 726
	B	19.98	22.81	14.93	0.40	38.13	3.31	0.43	
	C	6.67	12.34	21.52	7.25	45.41	23.79	3.28	

2002 年土地利用类型		2013 年土地利用类型							转出量
		有林地	灌木林地	草地	水域	耕地	建设用地	未利用地	
建设用地	A	781	629	1 990	342	6 084	11 484	13	9 839
	B	3.66	2.95	9.33	1.60	28.53	53.86	0.06	
	C	0.10	0.14	1.15	2.49	2.90	32.97	0.04	
未利用地	A	228	755	246	80	204	1 172	31 306	2 686
	B	0.67	2.22	0.72	0.23	0.60	3.45	92.10	
	C	0.03	0.16	0.14	0.58	0.10	3.37	94.46	
转入量		237 564	283 585	148 191	2 305	114 632	23 346	1 836	811 459

注：行表示 2002 年 i 种土地利用类型，列表示 2013 年 j 种土地利用类型；A 行表示从 2002 年 i 种土地利用类型转移到 2013 年各土地利用类型的面积，单位为 hm²；B 行表示 2002 年 i 种土地利用类型转变为 2013 年 j 种土地利用类型的比例，单位为%；C 行表示 2013 年 j 种土地利用类型由 2002 年 i 种土地利用类型转化而来的比例，单位为%。

（1）有林地转移特征。由表 5-9 可知，2002—2013 年，研究区有林地净面积减少。其中转出 329 290 hm²，转入 237 564 hm²。在转出走向中，主要流向灌木林地，其次为草地和耕地，分别转出 205 908 hm²、61 765 hm²、55 513 hm²，分别占 2002 年有林地总量的 24.45%、7.33%、6.59%。转入的主要来源为灌木林地、草地、耕地，转入量分别为 146 131 hm²、40 363 hm²、49 968 hm²，分别占 2013 年有林地总量的 19.50%、5.39%、6.67%。

（2）灌木林地转移特征。由表 5-9 可看出，2002—2013 年，清水江流域灌木林地净面积增加。近 11 年间，灌木林地转出 226 850 hm²，主要转为林地、草地，转出比例分别达到 36.26%、11.06%。转入 283 585 hm²，主要转入来源于有林地、耕地，分别转入 205 908 hm²、57 050 hm²，比例分别达到 44.55%、12.34%。

（3）草地转移特征。近 11 年间，草地净面积增加。其中转出 86 930 hm²，转入 148 191 hm²。草地主要转出走向为有林地、灌木林地、耕地，分别达到 40 363 hm²、21 555 hm²、20 041 hm²，所占比例分别达到 35.53%、18.97%、17.64%。主要转入来源为有林地、灌木林地、耕地，分别转入 61 765 hm²、44 579 hm²、37 340 hm²。

（4）水域转移特征。近 11 年来，水域净面积有所增加。其中转出 2 138 hm²，转入 2 305 hm²。水域主要转出走向草地、耕地和建设用地，分别转出 889 hm²、671 hm²、415 hm²，所占比例分别为 7.08%、5.35%、3.30%。转入来源主要为耕地、草地，分别转入 1 039 hm²、995 hm²。

（5）耕地转移特征。2002—2013 年，耕地净面积有所减少。其中转出 154 726 hm²、转入 114 632 hm²。主要转出走向为灌木林地、有林地、草地，分别转出 57 050 hm²、49 968 hm²、37 340 hm²，比例分别达到 22.81%、19.98%、14.93%。主要转入来源为有林地、灌木林地、草地，分别转入 55 513 hm²、32 118 hm²、20 041 hm²，占比分别达到 26.44%、15.30%、9.54%。

（6）建设用地转移特征。2002—2013 年，清水江流域建设用地净面积增加 13 507 hm²。其中转出 9 839 hm²，转入 23 346 hm²。主要转出走向为草地、耕地，分别转出 1 990 hm²、6 084 hm²，占比分别达到 9.33%、28.53%。主要转入来源为耕地、有林地，分别转入 8 287 hm²、6 553 hm²；其次为草地、灌木林地，分别转入 3 785 hm²、3 134 hm²。

（7）未利用地转移特征。2002—2013 年，清水江流域未利用地转移变化不大，92% 的未利用地面积保持不变。

综合以上分析可知，2002—2013 年，清水江流域有林地与灌木林地之间转化较为强烈。历史上，清水江流域木材贸易较繁荣，新中国成立后，清水江木材贸易发展到历史的巅峰，1953 年贵州黔东森林工业分局在此建立近 2 万 m²、能贮存木材 4 万～6 万 m³ 的贮木场。1960 年设立州属清水江木材水运局。至 20 世纪末，国家实施新的林业政策，禁伐天然林，限伐人工林，清水江木材采运、贸易受到限制。但在实地验证过程中，观察到目前清水江流域尤其是中下游地区还分布有较多的木材厂。木材砍伐是清水江流域内中下游地区有林地与灌木林地转换强烈的重要原因。

5.3.4　研究区土地利用程度变化分析

土地利用程度反映了土地本身的自然属性，同时还反映了人类因素与自然环境因素的综合效应[4]。根据庄大方、刘纪远[5]提出的土地利用程度的综合分析方法，将土地利用程度按照土地自然综合体在社会因素环境下的自然平衡状态分为四级，并分别赋予分级指数（表 5-10），从中可以给出土地利用综合指数及土地利用程度变化模型的定量表达式。

表 5-10 土地利用程度分级赋值表

类型分级	未利用土地级	粗放利用土地级	集约用地级	城市聚落用地级
土地利用类型	未利用地	林地、草地、水域	耕地	建设用地
分级指数	1	2	3	4

土地利用程度综合指数的量化表达式为：

$$L = 100 \times \sum_{i=1}^{4} A_i C_i \tag{5.5}$$

式中：L —— 某研究区土地利用程度综合指数，$L \in [100，400]$；

A_i —— 研究区第 i 级土地利用程度分级指数；

C_i —— 研究区第 i 级土地利用程度面积百分比。

$$\Delta L_{b-a} = L_b - L_a \tag{5.6}$$

$$R = \frac{L_b - L_a}{L_a} \times 100\% \tag{5.7}$$

式中：ΔL_{b-a} —— 土地利用程度变化量；

R —— 土地利用程度变化率；

L_b、L_a —— 研究区的研究末期及研究初期的土地利用程度综合指数。

如果 $\Delta L_{b-a} > 0$ 或 $R > 0$，则该区域土地利用处于发展时期，否则处于调整期或衰退期。计算结果如表 5-11 所示。

表 5-11 研究区土地利用程度指数表

2002 年 L_a	2013 年 L_b	ΔL_{b-a}	R
215.30	214.89	−0.41	−0.19%

5.4 清水江流域水质变化

基于研究区 1996—2010 年 5 个监测断面的 DO、COD_{Mn}、BOD_5、$NH_3\text{-}N$ 4 个水质指标，引入有机污染综合指数（D 值），从空间和时间两个维度对水体水质特征进行探析。

5.4.1　清水江流域主要监测断面状况

（1）清水江流域监测断面。根据《贵州省地面水域水环境功能划类规定》，清水江流域水环境功能区划如表 5-12 所示。根据《地表水环境质量标准》（GB 3838—2002），各类水质类别基本项目标准如表 5-13 所示。溶解氧（DO）越低，高锰酸盐指数（COD$_{Mn}$）、五日生化需氧量（BOD$_5$）、氨氮（NH$_3$-N）越高，说明水体污染情况越严重。

表 5-12　清水江流域水环境功能区划

水体	区、县	监测断面	断面位置	断面作用	水质规定类别
清水江	都匀市	茶园	都匀市上游断面	对照断面	II
清水江	都匀市	营盘	都匀市下游	清水江从都匀市下游消减断面	IV
清水江	麻江县	下司	麻江县境内	清水江进入凯里市之前的监测断面	III
清水江	凯里市	机务段	凯里市境内	凯里市区下游的监测断面	III
清水江	丹寨县	兴仁桥	清水江干流黔南州进入黔东南州的交界处	两州交界处干流水质情况	III
清水江	凯里市	旁海	凯里市旁海镇上游 100 m 处干流	重安江汇入清水江干流监控断面	III
清水江	剑河县	革东	革东镇上游 100 m 处	新剑河县城生活饮用水及三板溪水库入口水质控制断面	III
重安江	凯里市	湾溪	重安江汇入清水江口上游 100 m 处	重安江出口控制断面	III
重安江	黄平县	重安江大桥	重安镇上游 100 m，福泉市下游约 50 km	重安江污染控制断面	III
清水江	天柱县	白市	天柱县白市镇境内	清水江在贵州省的出境控制断面	III

表 5-13 地表水环境质量基本项目标准限值 单位：mg/L

类别	DO	COD_{Mn}	BOD_5	$NH_3\text{-}N$
I	7.5	2	15	0.015
II	6	4	15	0.5
III	5	6	20	1.0
IV	3	10	30	1.5
V	2	15	40	2.0

（2）监测断面水质状况。本书统计了清水江流域茶园、营盘、下司、机务段、白市 5 个监测断面 1996—2010 年水质监测数据（缺 2008 年、2009 年数据），根据研究需要，选取溶解氧（DO）、高锰酸盐指数（COD_{Mn}）、生化需氧量（BOD_5）、氨氮（$NH_3\text{-}N$）4 个指标进行分析。各监测断面的水质情况如表 5-14 所示。由表 5-14 可看出，清水江流域 5 个监测断面中，1996—2010 年茶园、下司及白市监测断面水质均未超标；营盘、机务段监测断面超标年份较多，尤其是营盘监测断面，研究期间只有 3 年达标，其余年份 $NH_3\text{-}N$ 均超标。

表 5-14 1996—2010 年清水江流域监测断面水质数据汇总表 单位：mg/L

监测断面	水质规定类别	年份	DO	COD_{Mn}	BOD_5	$NH_3\text{-}N$	达标情况
茶园	II	1996	8.09	1.18	0.49	0.076	达标
		1997	7.78	1.75	0.68	0.235	达标
		1998	8.93	1.24	0.45	0.062	达标
		1999	7.54	1.31	0.65	0.100	达标
		2000	7.67	1.28	0.39	0.037	达标
		2001	8.01	1.02	0.79	0.074	达标
		2002	6.93	1.75	0.68	0.14	达标
		2003	7.63	1.36	0.94	0.029	达标
		2004	9.52	1.42	1.00	0.076	达标
		2005	8.59	1.36	1.00	0.042	达标
		2006	8.19	1.44	1.00	0.105	达标
		2007	8.04	1.20	1.00	0.098	达标
		2010	8.23	1.60	1.03	0.101	达标

监测断面	水质规定类别	年份	DO	COD_{Mn}	BOD_5	NH_3-N	达标情况
营盘	IV	1996	5.49	7.52	2.49	6.463	NH_3-N 超标
		1997	6.14	2.59	1.26	2.160	NH_3-N 超标
		1998	7.03	2.59	2.18	2.459	NH_3-N 超标
		1999	8.71	2.26	1.59	0.320	达标
		2000	6.60	1.71	0.91	0.333	达标
		2001	7.75	2.33	1.18	0.371	达标
		2002	8.18	2.48	1.21	3.615	NH_3-N 超标
		2003	4.64	3.62	3.04	2.038	NH_3-N 超标
		2004	6.74	3.43	4.56	2.531	NH_3-N 超标
		2005	4.58	4.22	4.39	3.774	NH_3-N 超标
		2006	6.49	2.73	4.10	17.536	NH_3-N 超标
		2007	7.72	3.75	5.23	3.449	NH_3-N 超标
		2010	7.97	3.15	3.12	1.778	NH_3-N 超标
下司	III	1996	7.44	2.29	1.43	0.664	达标
		1997	8.14	2.01	1.68	0.596	达标
		1998	8.00	1.91	1.84	0.223	达标
		1999	7.77	2.14	1.47	0.340	达标
		2000	7.94	2.06	1.71	0.107	达标
		2001	7.95	1.75	1.35	0.112	达标
		2002	7.37	1.84	1.08	0.229	达标
		2003	8.41	1.66	1.16	0.589	达标
		2004	7.87	1.72	1.02	0.256	达标
		2005	7.75	1.43	0.91	0.697	达标
		2006	7.75	1.45	1.00	0.353	达标
		2007	7.70	2.00	0.83	0.193	达标
		2010	7.63	1.45	2.11	0.783	达标
机务段	III	1996	5.08	3.17	2.03	1.083	NH_3-N 超标
		1997	7.57	2.41	2.19	0.824	达标
		1998	7.87	2.47	2.20	0.554	达标
		1999	7.48	2.38	2.10	0.590	达标
		2000	7.45	2.24	1.96	0.384	达标
		2001	7.63	2.18	1.49	0.274	达标
		2002	6.67	2.20	1.80	0.676	达标
		2003	6.97	2.25	2.65	1.042	NH_3-N 超标
		2004	7.35	2.25	1.55	0.786	达标

监测断面	水质规定类别	年份	DO	COD_Mn	BOD_5	NH_3-N	达标情况
机务段	III	2005	7.26	1.88	1.36	2.52	NH_3-N 超标
		2006	7.19	2.10	1.40	1.197	NH_3-N 超标
		2007	7.36	2.54	0.97	1.172	NH_3-N 超标
		2010	7.51	1.78	2.18	0.685	达标
白市	III	1996	9.80	2.34	0.55	0.025	达标
		1997	9.38	1.38	1.19	0.087	达标
		1998	7.83	1.60	0.55	0.027	达标
		1999	7.27	2.47	1.46	0.170	达标
		2000	7.61	2.65	0.83	0.099	达标
		2001	8.48	1.77	0.88	0.208	达标
		2002	7.54	2.10	1.35	0.108	达标
		2003	7.49	2.17	1.44	0.096	达标
		2004	7.69	2.22	1.09	0.107	达标
		2005	7.99	2.53	1.00	0.072	达标
		2006	7.90	2.61	1.01	0.15	达标
		2007	7.99	1.80	1.00	0.242	达标
		2010	7.04	0.95	1.00	0.066	达标

5.4.2 清水江流域水质空间变化特征

1996—2010 年，清水江流域上游至下游沿水流方向水质波动较大。为了更直观地观测清水江流域上游、中游至下游水质的空间变化情况，计算从上游到下游 5 个监测站点的 DO、COD_Mn、BOD_5、NH_3-N 等水质指标 13 年来的平均值，并引入有机污染综合指数计算公式计算各监测断面的水质污染综合指数，计算公式如式（5.8）所示，计算结果如图 5-8 所示。

$$D = \frac{L_{BOD_5}}{C_{BOD_5}} \frac{L_{COD_{Mn}}}{C_{COD_{Mn}}} + \frac{L_{NH_3-N}}{C_{NH_3-N}} + \frac{8.0 - L_{DO}}{8.0 - C_{DO}} \tag{5.8}$$

式中：D —— 有机污染综合指数；

L —— 各类水质指标检测值；

C —— 各类水质指标评价标准。

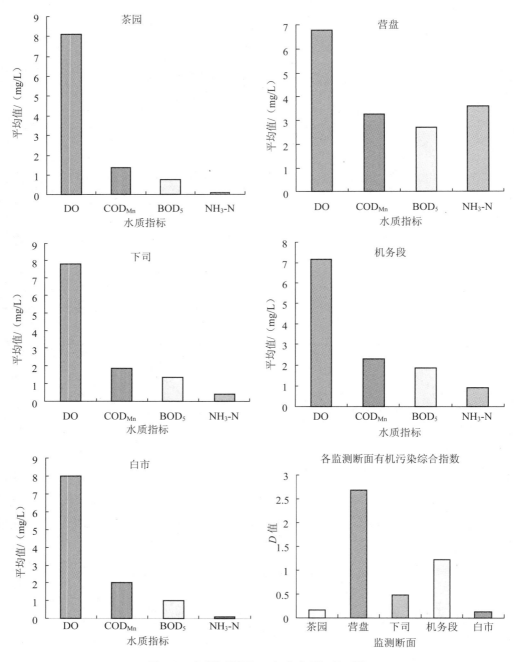

图 5-8　各监测断面 13 年来水质污染对比

由表 5-14、图 5-8 可知,清水江流域在都匀市上游源头内的茶园断面水质较好,有机污染综合指数 0.154,1996—2010 年茶园断面 DO、COD_{Mn}、BOD_5、NH_3-N 水质指标均达到《贵州省地面水域水环境功能划类规定》的要求;在都匀市下游的城市控制断面营盘监测断面时,水体水质变得很差,有机污染综合指数达到 2.676,13 年间营盘断面多年水质未达到《贵州省地面水域水环境功能划类规定》的要求;到麻江县下司断面水质较营盘断面有所好转,下司断面有机污染综合指数达到 0.475,水质尚好,13 年间该断面水质均达到《贵州省地面水域水环境功能划类规定》的要求;机务段属于凯里市下游的城市控制断面,可以看出,水体流经凯里市后,水体受到了污染,有机污染指数达到 1.214,较都匀市控制断面稍好,13 年间机务段水质部分年份未达到《贵州省地面水域水环境功能划类规定》的要求;机务段之后直到白市出境监测断面,是黔东南地区,水体未流经较大的城市,因而水质又逐渐好转,到白市监测断面有机污染综合指数下降到 0.129,是 5 个监测断面中污染最小的一个断面。

由以上分析可看出,清水江流域水体水质受到城市生活的影响。上游的营盘附近江段的 NH_3-N,主要来源于都匀市域内氮肥企业排放的工业废水;下司至凯里机务段的 NH_3-N 主要来源于城市城镇的生活污水及部分工业废水。

5.4.3 清水江流域水质时间变化特征

图 5-9 为各监测断面 DO、COD_{Mn}、BOD_5、NH_3-N 4 个水质指标历年来的变化趋势图。图 5-10 为清水江流域各监测断面有机污染综合指数(D 值)历年变化趋势图及流域总体水质变化趋势图。流域总体水质变化趋势是流域 5 个监测断面 4 项水质指标的监测平均值,代入式(5.8)中计算 D 值,用计算出的值评价清水江流域总体有机污染变化状况。

总体上看,1996—2010 年,清水江流域 COD_{Mn}、BOD_5、NH_3-N 几个水质指标总体趋势是先下降后上升,DO 总体上呈现先上升后下降的趋势。总体上水质有好转趋势。1996—2002 年,各监测断面水质及 D 值表现为上下波动中有所好转的状态,这个时候清水江流域处于污染相持阶段。但是在 2002—2010 年,流域水体 COD_{Mn}、BOD_5、NH_3-N 指标呈现先升高后降低趋势,DO 呈现先降低后升高趋势,尤其在营盘断面,这种趋势表现得更为明显。这主要是由于贵州省政府在 2006 年开始实施清水江水污染集中治理,使清水江流域水污染得到遏制[6]。

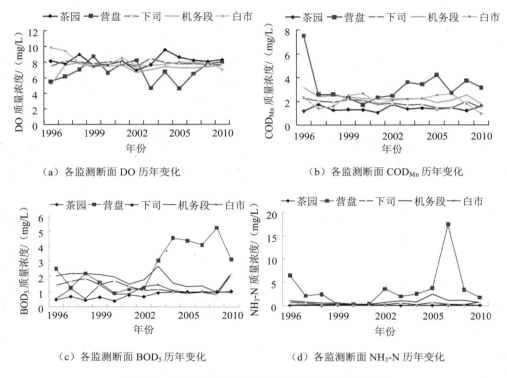

（a）各监测断面 DO 历年变化　　　　　　（b）各监测断面 CODMn 历年变化

（c）各监测断面 BOD5 历年变化　　　　　　（d）各监测断面 NH3-N 历年变化

图 5-9　清水江流域各监测断面水质历年变化趋势

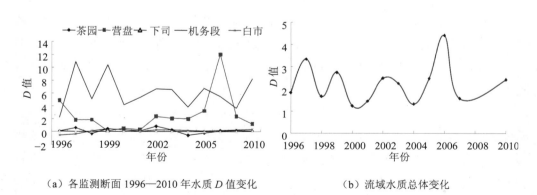

（a）各监测断面 1996—2010 年水质 D 值变化　　　　（b）流域水质总体变化

图 5-10　清水江流域各监测断面 1996—2010 年水质 D 值变化及流域水质总体变化

5.5   清水江流域"源—汇"景观格局变化对水质响应

5.5.1   "源—汇"景观类型的识别及指数构建

5.5.1.1   子流域的划分

参考唐从国等[7]的研究，将清水江划分为 8 个子流域（图 5-11），分别为重安江子流域、龙头江子流域、巴拉河子流域、南哨河子流域、清水江上干流子流域、六洞河子流域、亮江子流域、清水江下干流子流域。

图 5-11   清水江子流域划分

5.5.1.2   "源—汇"景观类型的识别

"源—汇"理论认为一切物种都存在其最初产生的"源"和最终消亡的"汇"[8]。在水质改善过程中，一些景观类型起到了"源"的作用，另一些景观类型滞留污染物，因而起到"汇"的作用。判断某一景观类型是"源"景观还是"汇"景观，关键在于对所研究的过程的作用，是正向的，还是负向的[9]。"源"景观是指能促进过程发展的景观类型，"汇"景观是指能阻止或延缓过程发展的景观类型。在景观类型与水质的关联研究中，自然用地（林地、灌木林地）面积占比提高有利于水质状况的改善；耕地、建设用

133

地比例的扩大会加剧水质恶化[2, 10-12]。

根据"源—汇"景观理论，在清水江流域中，针对水质污染过程，"源"景观包括耕地、建设用地；"汇"景观包括林地、灌木林地。由于水域不直接产生物质流失[13]，只起到传输作用[14]，因而笔者认为水域既不是"源"景观，也不是"汇"景观。另外，草地和未利用地对水质污染过程的作用不明确，因而也不考虑其作为"源"景观或"汇"景观。

5.5.1.3 "源—汇"景观指数的构建

陈利项等[9, 15]利用洛伦兹曲线公式建立了"源—汇"景观格局指数（附录 2）、"源—汇"景观空间负荷对比指数，该景观指数从 3 个方面刻画"源—汇"景观单元在空间上的分布特征及其与非点源污染的关系，即景观单元相对于流域出口（监测点）的距离、相对高度和坡度。一般认为，"源"景观相对于监测点"距离"越近，可能对监测点的贡献越大，反之对监测点的贡献越小；"源"景观相对于监测点的高度越小，可能对监测点的贡献越大，相反越小；对于坡度来说，"源"景观单元分布的地区坡度越小，养分发生流失的危险性越小，那么它对监测点的贡献相对较小，反之贡献较大。对于"汇"景观类型而言，其对监测点所起的作用与"源"景观类型相反。

"源—汇"景观格局指数公式如式（5.9）、式（5.10）所示。孙然好等[16]、索安宁等[8]的研究证实，基于相对距离、相对高程和坡度 3 个地形指标构建的"源—汇"景观空间负荷对比指数，是有效地刻画非点源污染空间特征的定量指标。本书选取相对高程和坡度分别构建"源—汇"景观格局指数。

$$LCI' = \sum_{i=1}^{m} A_{sourcei} \times W_i \times AP_i \Big/ \left[\sum_{i=1}^{m} A_{sourcei} \times W_i \times AP_i + \sum_{j=1}^{n} A_{sinkj} \times W_j \times AP_j \right] \quad （5.9）$$

$$LCI = LCI'_e + LCI'_s \quad （5.10）$$

式中：LCI —— 分别以相对高程（elevation）和坡度（slope）建立的"源—汇"景观空间负荷对比指数；

$A_{sourcei}$ 和 A_{sinkj} —— "源"景观和"汇"景观在洛伦兹曲线中累积曲线的面积；

W_i 和 W_j —— "源"景观和"汇"景观的权重；

AP_i 和 AP_j —— "源"景观和"汇"景观在流域内的面积比例；

m 和 n —— "源"景观和"汇"景观的类型数目。

由于不同景观类型对污染物进入水体的截留作用不同，为了客观地评价它们在水土流失过程中的作用，需要对不同的景观类型进行权重赋值。根据前期在一些子流域的监测和研究[8、14]，各景观类型的权重分别为建设用地（1.0）、耕地（0.8）、林地（0.8）、灌木林地（0.6）。

5.5.2 各子流域"源—汇"景观结构分析

5.5.2.1 各子流域"源—汇"景观变化分析

应用 Arcview GIS 3.2 将 2002 年、2009 年土地利用现状图与子流域图分别进行叠加，获得属性数据库，利用 Excel 对属性数据库进行运算，得到各子流域土地利用构成数据表，如图 5-12 所示。由图 5-12 可知，在全流域范围内，有林地是主导的土地利用类型，虽然近 11 年来有林地所占比例减少，但 2013 年有林地在全流域内的占比仍然达到 43.55%。灌木林地为全流域内的第二主导土地利用类型，2002 年、2009 年及 2013 年在全流域的占比均达到 25% 左右，耕地是全流域内的第三大主导土地利用类型，11 年来在全流域的占比达到 15% 左右。

（1）"源"景观变化分析。①耕地变化分析。由图 5-12 可知，龙头江、重安江子流域耕地占比较大，均达到了 20% 以上。南哨河及清水江下干流子流域耕地占比较小，只占到了各子流域面积的 3%～5%，其余的 4 个子流域耕地面积占各流域面积的 10% 左右。②建设用地变化分析。由图 5-12 可知，11 年间各流域内建设用地占比均呈增加趋势，其中重安江、龙头江及下干流子流域增幅较大。

（2）"汇"景观变化分析。①有林地变化分析。从 8 个子流域各年土地利用构成对比分析可看出，总体上，重安江、龙头江子流域有林地面积占比较其余子流域的少；2002—2013 年，重安江子流域有林地呈增多的趋势，而其余的子流域有林地占比呈减少趋势，尤其是亮江子流域，11 年间有林地面积占比减少较剧烈，减少量占整个子流域面积的 17.02%；另外，六洞河子流域、清水江下干流子流域有林地面积占比也较大，均达到了各自子流域面积的 10% 以上。②灌木林地变化分析。由图 5-12 可知，各子流域内灌木林地分布广泛，是各流域内除了有林地以外的第二大主导土地利用类型。各子流域灌木林地均呈增加的趋势，这一方面来源于有林地的减少，另一方面得益于"退耕还林"政策的实施。具体来说，上游地区（重安江、龙头江）灌木林地的增长主要是得益于"退耕还林"政策，中游及下游地区主要是由于有林地减少。

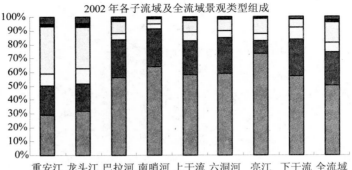

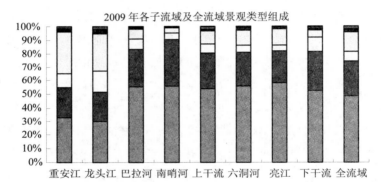

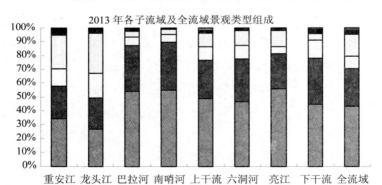

图 5-12　2002 年、2009 年及 2013 年清水江各子流域及全流域景观类型组成

5.5.2.2　各子流域"源—汇"景观指数的计算

根据"源—汇"景观空间负荷对比指数计算公式求出 $A_{sourcei}$ 和 A_{sinkj}，$A_{sourcei}$ 和 A_{sinkj} 的计算过程为：在 Arcview GIS 3.2 软件的支撑下，将土地利用现状图与高程图、坡度图进行叠加，然后按照相对高程和坡度统计"源"景观和"汇"景观的面积，并以相对高程/坡度为横坐标，景观面积为纵坐标绘制面积累积曲线，再利用 Excel，实现"源—汇"景观的曲线绘制，曲线与横坐标围成的面积即为 $A_{sourcei}$、A_{sinkj}，如图 5-13 所示，$A_{sourcei}=S_{ODBC}$、$A_{sinkj}=S_{OFBC}$。再根据绘制的曲线进行拟合，根据拟合曲线求取原函数，再求取相应的面积。

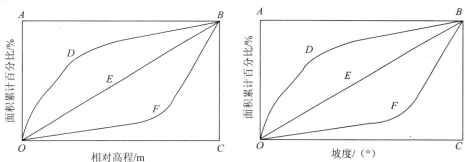

图 5-13　景观类型坡度/相对高程分布的洛伦兹曲线

根据曲线拟合（拟合判定系数均大于 0.90），计算出各子流域的 $A_{sourcei}$ 和 A_{sinkj}，再根据式（5.8）、式（5.9）计算出不同年份各子流域的 LCI。考虑到与水质的关联分析，2002 年及 2009 年的"源—汇"景观空间负荷对比指数选取部分子流域进行计算，计算结果如表 5-15 所示。

表 5-15　清水江子流域"源—汇"景观空间负荷对比指数计算结果

年份	子流域	LCI'$_e$	LCI'$_s$	LCI
2002	龙头江	0.44	0.40	0.84
	下干流	0.09	0.09	0.18
2009	龙头江	0.42	0.40	0.82
	下干流	0.09	0.09	0.18
	重安江	0.42	0.40	0.82

年份	子流域	LCI'$_e$	LCI'$_s$	LCI
2013	重安江	0.41	0.37	0.79
	龙头江	0.45	0.41	0.87
	巴拉河	0.09	0.09	0.18
	上干流	0.15	0.15	0.30
	亮江	0.18	0.14	0.32
	下干流	0.13	0.11	0.23
	六洞河	0.17	0.18	0.34
	南哨河	0.06	0.06	0.11

由表 5-15 可知，龙头江和重安江子流域的"源—汇"景观空间负荷对比指数明显比其他子流域的大。

5.5.3 "源—汇"景观结构变化对水质的响应分析

5.5.3.1 "源—汇"景观结构变化与水质的相关性

（1）2002 年、2009 年清水江子流域"源—汇"景观结构与水质相关性分析。经检验，流域内不同子流域内的土地利用面积百分比以及影响流域水质的关键指标未满足正态分布，因而采用 Spearman 秩相关分析。基于清水江流域（贵州段）2002—2010 年的水质监测数据，在子流域尺度下，利用 SPSS 软件分别进行各种土地利用类型的面积比例与不同水质指标（DO、COD$_{Mn}$、BOD$_5$、NH$_3$-N、D 值）间的 Spearman 相关性。

由于清水江流域水质监测断面中茶园、营盘、下司、机务段、兴仁桥均在龙头江子流域内，因而选择此 5 个监测断面 2002 年、2009 年的监测数据平均值为与土地利用类型面积比例进行相关分析。白市监测断面位于清水江干流子流域内，以白市监测断面2009 年及 2013 年的监测指标值与清水江下干流子流域土地利用类型比例进行相关分析。分析结果如表 5-16 所示。

表 5-16　2002—2009 年清水江子流域土地利用结构和水质指标相关性

项目	DO	COD$_{Mn}$	BOD$_5$	NH$_3$-N	D 值
有林地	−0.38	−0.36	−0.55	−0.93	−0.99[*]
灌木林地	−0.47	−0.69	−0.49	−0.98[*]	−0.96[*]
草地	0.66	0.21	0.86	0.57	0.74
耕地	0.42	0.55	0.51	0.99[*]	0.99[**]
建设用地	0.48	0.17	0.71	0.72	0.85
未利用地	0.01	0.46	0.03	0.94	0.84
源汇面积比	0.44	0.52	0.54	0.96[*]	0.88[**]
LCI$_e$	0.44	0.53	0.54	0.98[*]	0.99[**]
LCI$_s$	0.46	0.52	0.57	0.97[*]	0.99[**]
LCI	0.45	0.53	0.55	0.97[*]	0.99[**]

* 表示在 0.05 水平显著相关（双侧）；** 表示在 0.01 水平显著相关（双侧）。

（2）2013 年清水江子流域"源—汇"景观结构与水质数据相关性分析。经检验，流域内不同子流域内的土地利用面积百分比以及影响流域水质的关键指标未满足正态分布，相关分析采用 Spearman 秩相关分析。在此基础上，基于 2013 年清水江流域的水质监测数据，在子流域尺度下，利用 SPSS 软件分别进行各种土地利用类型的面积比例与不同水质指标（DO、NH$_3$-N、TN、TP）间的相关性分析。

由于清水江 2013 年水质数据分别为枯水期、丰水期采样监测数据，考虑到两次采样结果并不能准确代表全年的水质状况，因而在分析过程中分别对 2013 年丰水期及枯水期与土地利用的相关性进行分析。

各个子流域采样点设置情况为：重安江子流域采样点个数为 6 个；龙头江子流域采样点个数为 6 个；巴拉河子流域采样点个数为 4 个；清水江上干流子流域采样点个数为 10 个；南哨河子流域丰水期采样点个数为两个；六洞河子流域采样点个数为 5 个；清水江下干流子流域采样点个数为 7 个；亮江子流域采样点个数为 3 个。本书均选取各个子流域水质指标平均值为进行相关性分析，分析结果见表 5-17、表 5-18。

表 5-17　2013 年清水江子流域丰水期土地利用结构和水质指标的相关性

项目	DO	NH$_3$-N	TN	TP
有林地	−0.12	−0.43	−0.77*	−0.43
灌木林地	0.11	−0.48	−0.78*	−0.48
草地	0.11	0.23	0.62	0.24
耕地	−0.02	0.50	0.81*	0.49
建设用地	0.04	0.78*	0.87**	0.76*
未利用地	0.25	0.77*	0.93**	0.77*
源汇面积比	0.00	0.45	0.81*	0.47
LCI$_e$	−0.01	0.56	0.86**	0.54
LCI$_s$	0.04	0.55	0.84**	0.54
LCI	0.01	0.55	0.85**	0.54

*表示在 0.05 水平显著相关（双侧）；**表示在 0.01 水平显著相关（双侧）。

表 5-18　2013 年清水江子流域枯水期土地利用结构和水质指标的相关性

项目	DO	NH$_3$-N	TN	TP
有林地	−0.11	−0.49	−0.60	−0.43
灌木林地	−0.25	−0.50	−0.55	−0.44
草地	−0.08	0.27	0.40	0.23
耕地	0.30	0.56	0.64	0.48
建设用地	0.28	0.82*	0.84**	0.77*
未利用地	0.21	0.82*	0.88*	0.77*
源汇面积比	0.29	0.55	0.63	0.47
LCI$_e$	0.31	0.62	0.69	0.54
LCI$_s$	0.29	0.60	0.69	0.53
LCI	0.30	0.61	0.69	0.54

*表示在 0.05 水平显著相关（双侧）；**表示在 0.01 水平显著相关（双侧）。

（3）"源—汇"景观结构与水质相关性结论与讨论。

"汇"景观变化对水质的影响。由表 5-16～表 5-18 可知，有林地与有机污染综合指数显著负相关，相关系数达到 0.99；丰水期有林地与总氮显著负相关，相关系数为 0.77，而枯水期有林地对水质指标的影响不显著。灌木林地对水质的改善作用与有林地类似，灌木林地与氨氮、有机污染综合指数显著负相关，与丰水期总氮呈显著负相关，而与枯水期各水质指标均无显著相关性。说明植物根部对污染物的地表径流的截留作用使得水体污染得到缓解[17]，而这种作用在丰水期表现得较明显。

"源"景观变化对水质的影响。从水质指标年平均值为与"源"景观的相关性（表 5-16）可知，耕地与氨氮、有机污染综合指数显著相关，相关系数分别达到 0.985、0.997，建设用地与生化需氧量、氨氮、有机污染综合指数水质指标的相关性虽然不显著，但相关系数已分别达到了 0.71、0.72、0.85。从水质季节性指标与"源"景观的相关性（表 5-17、表 5-18）来看，丰水期耕地与总氮显著相关，枯水期耕地与各水质指标均无显著相关性；而无论枯水期还是丰水期，建设用地、未利用地与氨氮、总氮、总磷 3 个水质指标均呈显著相关关系。由此可知，建设用地、未利用地对水质的影响较大，且基本不受季节变化的影响，这可能是由于建设用地和未利用地一般分布于离水体较近的区域，对水体影响较大。耕地主要影响水体氮含量，且影响的程度与季节有关。

由表 5-16～表 5-18 对比可知，作为"源"景观的耕地和建设用地对不同时段的水质影响是不同的。由表 5-17 可看出，耕地与水质指标年均值（NH_3-N、D 值）呈显著正相关；而与建设用地虽然相关系数达到 0.72、0.85，但相关性不显著。而由表 5-17、表 5-18 可知，丰水期、枯水期水质指标（NH_3-N、TN、TP）与建设用地呈显著正相关，而与耕地有一定的相关性，但不显著。造成这种结果的可能原因是：耕地承载的施肥等农业面源污染对水质的影响可能有时间效应，丰水期和枯水期采样时间分别为 8 月和 1 月，均未在施肥期。由此可说明，建设用地对水质的影响可能是一个持续的过程，而耕地对水质的影响具有季节性，且总体上，耕地对水质的影响有可能大于建设用地。

由以上分析可知，清水江流域水质污染的主要来源为建设用地上的生活污水、工业废水的排放，生活垃圾露天堆放和简单填埋以及承载在耕地上的农业面源污染。要改善和控制流域水体污染，除了合理的景观空间布局，控制好城镇生活污水、工业废水等的排放的点源污染外，农业面源污染也不可忽视。

"源—汇"景观空间负荷对比指数与水质相关性。研究区龙头江和重安江子流域的"源—汇"景观空间负荷对比指数明显比其他子流域的大，而这两子流域内水质污染又是最严重的。由表 5-16、表 5-17 可知，"源—汇"景观空间负荷对比指数与 NH_3-N、D 值有较显著的相关性，且相关性比单纯的"源—汇"面积比更显著，说明"源—汇"景观空间负荷对比指数能够有效地表征景观格局对水质指标的影响。且由表 5-16～表 5-18 可知，LCI_e、LCI_s、LCI 与各水质指标均表现出较为一致的相关性，说明可以单独用 LCI_e 或 LCI_s 表征景观格局对水质的影响。

5.5.3.2 "源—汇"景观结构变化对水质响应模型构建

为研究清水江流域不同"源—汇"景观变化条件下清水江流域的水质变化情况，在子流域尺度上，建立清水江流域不同"源—汇"景观构成与水质的响应关系。本书采样基于最小二乘法的多元线性回归模型，建立清水江流域水质和"源—汇"景观结构间的响应关系。模型的表达形式如下：

$$Y = C + b_1 X_1 + b_2 X_2 + \cdots + b_n X_n \tag{5.11}$$

式中：Y —— 各水质参数的浓度值；

X_1，X_2，$\cdots$，X_n —— "源"或"汇"景观在子流域中面积百分比；

b_1，b_2，$\cdots$，b_n —— 影响系数；

C —— 常数项；

n —— 土地利用类型的种类数。

根据相关性分析结果建立清水江流域不同"源—汇"景观构成与水质的响应关系。对多个多元线性回归模型进行 F 检验（显著性水平为 0.05），只有通过 F 检验且决定系数 $R^2 \geq 0.5$ 的模型被保留下来。建立的模型如表 5-19～表 5-21 所示。

表 5-19　清水江流域"源—汇"景观格局对水质指标年均值的响应模型

水质参数	多元回归模型	R^2	调整后 R^2
NH₃-N	1.259–0.048 灌木林地+0.025 耕地	0.99	0.98
D 值	0.711–0.061 林地–0.111 灌木林地–0.041 建设用地	0.994 9	0.99

表 5-20　2013 年清水江流域"源—汇"景观格局对丰水期水质的响应模型

水质参数	多元回归模型	R^2	调整后 R^2
NH₃-N	–0.830+0.550 建设用地+2.648 未利用地	0.66	0.53
TN	21.569–0.102 有林地–0.411 灌木林地–0.334 耕地+0.035 建设用地+9.950 未利用地	0.99	0.98

表 5-21 2013 年清水江流域"源—汇"景观格局对枯水期水质的响应模型

水质参数	多元回归模型	R^2	调整后 R^2
NH₃-N	−1.870+0.964 建设用地+5.786 未利用地	0.74	0.62
TN	−1.142+0.978 建设用地+9.892 未利用地	0.82	0.75
TP	−1.682+0.961 建设用地+5.452 未利用地	0.65	0.51

5.6 本章小结

本书选择清水江流域作为研究对象，在 RS 和 GIS 相关理论和方法的支持下，以 ERDAS 软件为平台，选择清水江流域 2002 年、2009 年、2013 年的遥感影像作为数据源，提取研究区土地利用信息，得到清水江流域 2002 年、2009 年、2013 年的土地利用现状图。根据 2002 年及 2013 年二期土地利用现状图分析清水江流域 2002—2013 年的土地利用变化情况。同时，结合清水江流域（贵州段）1996—2010 年的水质监测数据，分析清水江流域水质的时空变化特征。在此基础上，以清水江流域 2002 年、2009 年及 2013 年的土地利用现状图和相关断面水质数据及 2013 年对清水江全流域采样得到的水质数据，采用子流域分析法，并根据"源—汇"景观相关理论，分析子流域尺度下"源—汇"景观结构与水质变化的相关性，进而分别建立清水江流域"源—汇"景观结构对水质的响应模型。得到的主要结论如下：

（1）在土地利用结构方面，2002—2013 年清水江流域面积最大的土地利用类型为有林地，土地利用类型的面积比例大小顺序为有林地＞灌木林地＞耕地＞草地。在土地利用类型总量变化方面，2002—2013 年清水江流域有林地、耕地、未利用地面积减少，其中减少最多的为有林地，所占比例减少了 5.5%；而灌木林地、草地、水域、建设用地面积增加，其中增加最多的为草地，其次为灌木林地；清水江流域各土地利用类型中，变化幅度及年变化率的大小顺序为建设用地＞草地＞耕地＞灌木林地＞有林地＞未利用地＞水域。在土地利用转移变化方面，2002—2013 年有林地与灌木林地之间转化较为强烈，木材的砍伐是清水江流域内有林地与灌木林地转换强烈的原因。在土地利用程度变化方面，清水江流域的土地利用程度处于中等偏下水平，流域内虽然还存在以伐木为生的人们，但基本做到了林木的科学发展，流域内的土地利用变化是科学的、合理的、正面的。

（2）研究期间，清水江各子流域"源"景观中，龙头江、重安江子流域耕地占比较大，均达到了 20% 以上，南哨河及清水江下干流子流域耕地占比较小，只占到了各子流域面积的 3%～5%，其余的 4 个子流域耕地面积占各流域面积的 10% 左右；研究区各子流域内建设用地占比均呈增加趋势，其中，重安江、龙头江及清水江下干流子流域增幅较大。

（3）研究期间，清水江各子流域"汇"景观中，重安江、龙头江子流域有林地面积占比较其余 6 个子流域的少，2002—2013 年重安江子流域有林地呈增多的趋势，而其余的子流域有林地占比呈减少趋势；研究区各子流域灌木林地均呈增加的趋势；这一方面来源于有林地的减少，另一方面得益于"退耕还林"政策的实施。

（4）总体上看，"汇"景观对水质的负效应显著，而这种作用在丰水期表现得较明显。"源"景观对水质的正效应显著，且作为"源"景观的耕地和建设用地对不同时段的水质影响程度不同，建设用地对水质的影响可能是一个持续的过程，而耕地对水质的影响具有季节性，且总体上耕地对水质的影响可能大于建设用地。

（5）"源—汇"景观空间负荷对比指数能够有效地表征景观格局对水质指标 NH_3-N、TN 的影响，并且可以单独用"源—汇"景观空间负荷对比坡度指数或"源—汇"景观空间负荷对比相对高程指数来表征景观格局对水质的影响。

（6）清水江流域水质污染的主要来源为建设用地上的生活污水、工业废水的排放，生活垃圾露天堆放和简单填埋等以及承载在耕地上的农业面源污染。要改善和控制流域水体污染，除了控制好城镇生活污水、工业废水等排放的点源污染外，农业面源污染也不可忽视。

参考文献

[1] 中国土地勘测规划院，国土资源部地籍管理司. 土地利用现状分类. 2007.

[2] 赵沙. 沣河流域土地利用与水质变化及其关系的研究[D]. 西安：陕西师范大学，2012.

[3] 许西盼. 基于遥感影像的土地利用动态变化监测与预测模型研究[D]. 石河子：石河子大学，2010.

[4] 洪敏. 北京市土地利用动态变化的研究[D]. 北京：中国农业大学，2004.

[5] 庄大方，刘纪远. 中国土地利用程度的区域分异模型研究[J]. 自然资源学报，1997，12（2）：10-16.

[6] 赖炯萍. 清水江流域水污染综合整治经济效益分析[D]. 贵阳：贵州师范大学，2008.

[7] 唐从国，刘丛强. 基于 SRTM DEM 数据的清水江流域地表水文模拟[J]. 辽宁工程技术大学学报（自然科学版），2009，28（4）：652-655.

[8] 索安宁，王天明，王辉，等. 基于格局—过程理论的非点源污染实证研究：以黄土丘陵沟壑区水土流失为例[J]. 环境科学，2006，27（12）：2415-2420.

[9] 陈利顶，傅伯杰，赵文武. "源" "汇" 景观理论及其生态学意义[J]. 生态学报，2008，26（5）：1444-1449.

[10] 胡建，刘茂松，周文，等. 太湖流域水质状况与土地利用格局的相关性[J]. 生态学杂志，2011，30（6）：1190-1197.

[11] 黄金良，黄亚玲，李青生，等. 流域水质时空分布特征及其影响因素初析[J]. 环境科学，2012，33（4）：1098-1107.

[12] 赵鹏，夏北成，秦建桥，等. 流域景观格局与河流水质的多变量相关分析[J]. 生态学报，2012，32（8）：2331-2341.

[13] Chen L D，Tian H Y，Fu B J，et al. Development of a new index for integrating landscape patterns with ecological processes at watershed scale[J]. Chinese Geographical Science，2009，19（1）：37-45.

[14] Phillips J D. Nonpoint source pollution control effectiveness of riparian forests along a coastal plain river[J]. Journal of Hydrology，1989，110（3）：221-237.

[15] 陈利顶，傅伯杰，徐建英，等. 基于 "源—汇" 生态过程的景观格局识别方法——景观空间负荷对比指数[J]. 生态学报，2003，23（11）：2406-2413.

[16] 孙然好，陈利顶，王伟，等. 基于 "源" "汇" 景观格局指数的海河流域总氮流失评价. 环境科学，2012，33（6）：1784-1788.

[17] 蔡宏，何政伟，安艳玲，等. 基于遥感和 GIS 的赤水河水质对流域土地利用的响应研究[J]. 长江流域资源与环境，2015，24（2）：286-291.

第 **6** 章
清水江流域水污染治理成本核算研究

6.1　清水江流域各类污染源调查分析

6.1.1　工业污染现状

6.1.1.1　工业污染源分布情况

　　清水江流域工业污染源主要有轻工、采冶、食品、建材、电力、机器制造、化肥、化工、制药、烟草等行业，其中建材、冶炼、化肥、化工及食品行业的废水排放量占整个流域废水排放量的83%以上。流域内氟化物及磷酸盐污染物主要产生于磷化工和化肥企业，而这些企业主要集中于福泉市、凯里市和都匀市。

　　化肥和磷化工企业排放的废水中含有较高的磷酸盐和氟化物污染物，pH 变化大，污染物难以降解。清水江流域工业废水污染物及水质特点见表 6-1。

表 6-1　清水江流域主要工业企业废水排放特征

行业	企业性质	主要污染物	废水特点
化工、化肥	磷化工、肥料、农药	氟化物、磷、石油类、酸、酚、Hg、As、Pb	污染物浓度高、难降解
机械制造	锻铸、机械加工、电镀、喷漆	酸、氰化物、油类、苯、Cd、Cr、Ni、Cu、Zn、Pb	重金属含量高、酸性强
电力	火力发电	冷却水热污染、酸性废水、含油废水	热、悬浮物、含盐量高

行业	企业性质	主要污染物	废水特点
建材	玻璃、耐火材料、水泥、砖	悬浮物、油类、Mn、Cd	悬浮物含量高、水量较小
食品	屠宰、肉类加工、乳制品加工	病原微生物、有机物、油脂	BOD 高、病菌多、恶臭
采冶	矿开采、冶金	重金属、酚、硫化物、放射性物质、酸性洗涤水	重金属含量高、含放射性物质、悬浮物高
轻工	造纸、纺织	黑液、碱、悬浮物、硫化物、染料、洗涤剂、硝基物、As	碱性大、恶臭、色度高、毒性强、难降解

注：此表是根据黔南州及黔东南州环境工程评估中心提供的资料整理所得。

6.1.1.2　工业企业用水及废水排放情况

图 6-1 为流域内各县市工业废水排放量占总用水量的逐年变化情况。从图 6-1 可以看出：流域内各县市之间工业废水占总用水量的比例差异较大，"十一五"期间各县市自身比例波动也较大，其中锦屏县、三穗县、黎平县大部分年份工业废水排放量占总用水量比例都在 45% 以上，说明工业废水的处理能力和回收能力还有待进一步加强。各县市除个别年份外，总体比例呈现缓慢下降趋势，这与清水江流域实施污染防治规划和综合治理期间加强企业外排废水管理，设置废水处理及回收设施有关。

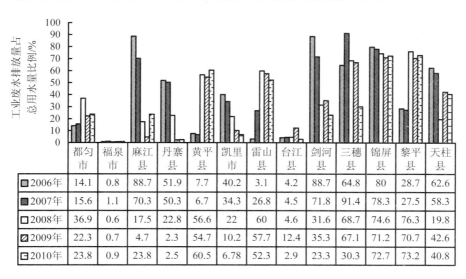

	都匀市	福泉市	麻江县	丹寨县	黄平县	凯里市	雷山县	台江县	剑河县	三穗县	锦屏县	黎平县	天柱县
2006年	14.1	0.8	88.7	51.9	7.7	40.2	3.1	4.2	88.7	64.8	80	28.7	62.6
2007年	15.6	1.1	70.3	50.3	6.7	34.3	26.8	4.5	71.8	91.4	78.3	27.5	58.3
2008年	36.9	0.6	17.5	22.8	56.6	22	60	4.6	31.6	68.7	74.6	76.3	19.8
2009年	22.3	0.7	4.7	2.3	54.7	10.2	57.7	12.4	35.3	67.1	71.2	70.7	42.6
2010年	23.8	0.9	23.8	2.5	60.5	6.78	52.3	2.9	23.3	30.3	72.7	73.2	40.8

图 6-1　清水江流域内各县市工业废水排放量占总用水量逐年变化情况

6.1.1.3　工业污染排放因子选取及产生量和排放量统计

由清水江流域沿岸企业主要构成及分布、排污情况可知，总磷、氟化物是流域内工业企业排污的特征污染物，其中总磷还是主要污染排放总量控制物质，排入流域后易造成水体富营养化；氟化物在水体中降解率不高，容易在水体中富集，对水体造成污染；COD 和氨氮作为衡量水体是否具有纳污能力的重要指标，环境保护部要求将 COD 和氨氮纳入污染物总量统计核算的范畴。因此，选取总磷、氟化物、COD、氨氮作为污染物调查及治理成本核算的计算指标。

根据贵州省环保厅、贵州省环境工程评估中心、贵州省环境监测中心、"十一五"全国环境统计信息系统（贵州省环境统计表）以及黔南州和黔东南州环保局、环境监测站、环境评估中心提供的数据及现场采样分析的结果，整理得到各县市工业企业"十一五"期间的 COD、氨氮、总磷、氟化物产生量和排放量数据。清水江流域内总磷和氟化物的外排企业主要集中在以福泉市、都匀市、凯里市为主的磷化工生产基地，流域内其他县市的工业废水中几乎没有总磷和氟化物排放。因此，整个流域内总磷和氟化物的产生量和外排量只针对福泉市、都匀市和凯里市进行统计，其他各县市只统计 COD 和氨氮的产生量和外排量。

6.1.2　生活污染源及污染物产生量、排放量统计

生活污染源主要为城镇和农村生活污水，生活污水排放量采用人均系数法进行计算，即通过城镇农业人口、人均生活污水产生量计算出区域总的生活污水量，公式如下[2, 3]：

$$T_c = R_c \times P_n \tag{6.1}$$

式中：T_c —— 城镇或农村生活污水产生量；

　　　R_c —— 人均生活污水产生量；

　　　P_n —— 城镇或农业人口。

根据《全国饮用水水源地环境保护规划技术培训讲义》（2006 年 6 月），城镇人口人均生活用水量为 150~180 L/（人·d），农业人口人均生活用水量为 60~120 L/（人·d），分别取城镇、农业人口用水量的平均值作为核算基准，即 165 L/（人·d）、90 L/（人·d），

COD 按 60 g/（人·d）计，NH$_3$-N 按 4 g/（人·d）计，总磷按 0.262 g/（人·d）计。

计算假设条件：生活污水产生量减去污水处理厂处理量即认为是生活污水的排放量，COD、NH$_3$-N 及总磷产生量减去污水处理厂 COD、NH$_3$-N 及总磷削减量即认为是生活污水 COD、NH$_3$-N 及总磷的排放量；污水形成系数为 0.8；污水处理厂未建成前，污水经过自然分解和降解，污染物处理效率以 0.1 计，污水处理项目规划名单见表 6-2。

表 6-2　清水江流域城镇污水处理项目规划名单

序号	建设项目名称	建设规模/（万 m³/d）	建成投运时间
1	都匀市污水处理厂	6.00	2008 年年底
2	麻江县污水处理工程	0.40	2008 年年底
3	福泉市污水处理工程	1.50	2008 年年底
4	黎平县污水处理工程	0.80	2008 年年底
5	黄平县污水处理工程	0.50	2009 年年底
6	雷山县污水处理工程	0.30	2009 年年底
7	丹寨县污水处理工程	0.30	2009 年年底
8	施秉县污水处理工程	0.50	2009 年年底
9	剑河县污水处理工程	0.40	2009 年年底
10	三穗县污水处理工程	0.50	2010 年年底
11	榕江县污水处理工程	0.60	2009 年年底
12	锦屏县污水处理工程	0.30	2009 年年底
13	天柱县污水处理工程	0.60	2010 年年底
14	凯里市第二污水处理厂	3.00	2011 年年底
15	凯里市第一污水处理厂	5.00	2010 年年底

根据以上资料和假设条件计算出清水江流域生活污水产生量和排放量数据。根据计算结果，"十一五"期间清水江流域生活污水排放量、产生量变化趋势如图 6-2 所示，流域污染物负荷变化趋势见图 6-3～图 6-5。

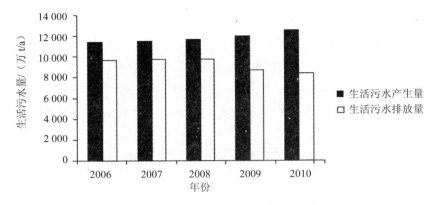

图 6-2　生活污水产排量变化趋势

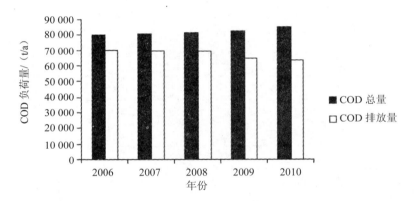

图 6-3　"十一五"期间生活污水中 COD 负荷量

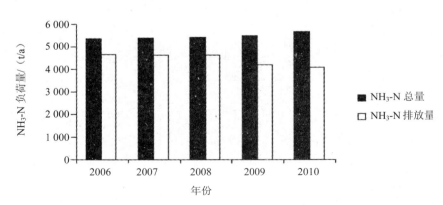

图 6-4　"十一五"期间生活污水中 NH$_3$-N 负荷量

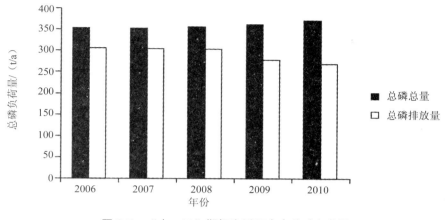

图 6-5　"十一五"期间生活污水中总磷负荷量

从以上可以看出，随着流域内人口数量的增加，生活污水的产生量不断增加，而污水的排放量从 2008 年以后呈明显的下降趋势，这跟 2008 年开始实施污染防治规划和各个县市陆续建设污水处理厂有显著的关系。由图 6-2～图 6-5 可以看出，未实施污水处理工程计划，生活污水中污染物负荷无明显削减，实施工程计划后效果明显，随着设备从试运行到正式运行，各类污染物的削减量将会越来越大，处理效果将越来越好，生活污水排放情况将得到有效控制。

6.1.3　农业及畜禽污染现状

6.1.3.1　农业污染情况

所谓农业污染是指农业耕作过程中，化肥通过降雨和地表径流排入水体所造成的污染，即农村径流污染。由于贵州省农业耕作方式比较落后、粗放，导致化肥的流失量相对较大，清水江流域沿岸田土总面积达 157 016 hm^2，其中旱田 41 140 hm^2，水田 115 876 hm$^{2[4]}$。清水江流域黔南州和黔东南州化肥施用量见表 6-3，农作物吸收量和土壤吸附量只占施用量的 40%～60%（本节取 50% 进行计算），有 1% 的磷肥和氮肥随降水和地面径流排入水体[5]，则 2008—2010 年排入清水江流域的总磷分别为 60.96 t、60.49 t、60.89 t；NH$_3$-N 分别为 173.87 t、182.81 t、199.76 t；COD 排放量是 NH$_3$-N 的 5 倍，故 COD 排放量分别为 869.35 t、914.05 t、998.8 t。

表 6-3　清水江流域农用化肥施用量统计情况

区域	年份	化肥施用量/（t/a）	折纯量磷肥/（t/a）	折纯量氮肥/（t/a）
黔南州	2008	41 643	2 457	9 269
	2009	43 120	2 541	9 184
	2010	43 027	2 543	9 145
黔东南州	2008	65 243	9 736	25 505
	2009	66 678	9 557	27 377
	2010	76 101	9 636	30 808
合计	2008	106 886	12 193	34 774
	2009	109 798	12 098	36 561
	2010	119 128	12 179	39 953

注：黔南州核算范围为福泉市和都匀市，数据由黔南州、黔东南州环境评估中心提供。

6.1.3.2　畜禽污染情况

近年来，随着畜禽养殖业的迅速发展，养殖规模、养殖方式和分布区域发生了变化，导致畜禽污染呈现总量增加、程度加剧和范围扩大的趋势。调研中发现部分养殖企业无环境保护意识，畜禽废水任意排放，污水处理设施形同虚设，造成周边水体大规模污染（例如，由于污染严重，都匀市伊势养鸡场已于 2010 年年底关闭）。目前，我国规模化畜禽养殖场通常采用的清粪工艺主要有 3 种：干清粪、水泡清粪和水冲式清粪工艺，南方地区养猪场主要以水冲式清粪方式为主，养鸡场和养牛场则以干清粪工艺为主，不同的清粪工艺其排放的污水水质和水量差别很大[6, 7]，高浓度畜禽养殖污水中 COD、氨氮含量能超过标准值的 30～40 倍，同时畜禽粪便污水中的 N、P 含量较高，易造成水体富营养化[8]，畜禽污染已经成为我国农村面源污染的主要来源之一（注：不同研究部门针对的研究对象有差别，环保部门侧重研究氨氮、COD 等指标，因此选取氨氮和 COD 指标进行核算）。

本书采用"猪"当量对畜禽养殖污染物排放量进行计算，具体折算猪当量为：1 头大牲畜等于 5 头猪，3 只羊等于 1 头猪，60 只家禽等于 1 头猪（武淑霞，2005）；同时，参考中国环境规划院 2003 年编写的《全国水环境容量核定技术指南》中猪污染物产生量为：COD 50 g/d；氨氮 10 g/d，且一年按 300 d 计[9]。最后得到清水江流域畜禽养殖 COD 及氨氮产生情况（表 6-4）。

表 6-4　2010 年清水江流域畜禽养殖统计结果与 COD、氨氮产生情况

区域	大牲畜/头	猪/头	羊/只	家禽/万只	COD 产生量/（t/a）	氨氮产生量/（t/a）
黔南州	—	7 729	—	30	190.94	38.19
黔东南州	512	9 460	140	128.50	502.24	100.44
合计	512	17 189	140	158.50	693.18	138.63

　　湿法污染物去除率：畜禽养殖产生的废水经过机械分离、生物过滤、氧化分解、过滤、沉淀等一系列处理后，可以去掉沉下的固体物，也可以去除 75%～90% 的 COD 和总悬浮物。此外，海南省 2003 年完成的规模化畜禽养殖专项调查显示，大部分规模化养殖场治理设施对废水中有机污染物和氨氮的治理效果较好，COD 平均去除率为 89%，氨氮平均去除率可以达到 88%[10]。因此，综合考虑贵州省清水江流域畜禽养殖场污水处理设施建设和环保投入情况，保守估计畜禽污染物湿法去除率取 50%。

　　干法污染物去除率：干清粪工艺具有环境影响小、治理费用少的优点，根据海南省 2003 年完成的专项调查，养猪场的平均粪便清除率为 60%、养鸡场为 80%，牛场为 50%[10]，结合不同畜禽的粪便产生情况，保守估计畜禽污染干法去除率也取 50%。

　　那么根据污染物去除率计算得到清水江流域畜禽养殖 COD 及氨氮的排放情况（表 6-5）。

表 6-5　2010 年清水江流域畜禽养殖统计结果与 COD、氨氮排放情况

区域	大牲畜/头	猪/头	羊/只	家禽/万只	COD 排放量/（t/a）	氨氮排放量/（t/a）
黔南州	—	7 729	—	30	95.47	19.09
黔东南州	512	9 460	140	128.50	251.12	50.22
合计	512	17 189	140	158.50	346.59	69.31

6.1.4　固体废物污染现状

6.1.4.1　工业固体废物污染情况

　　（1）工业固体废物。清水江流域内工业固体废物主要有磷石膏、粉煤灰、煤矸石、

冶炼废渣等。清水江流域各县市的工业固体废物产生量及排放量见表6-6。

表6-6　清水江流域各县市工业固体废物产生量及排放量统计情况

县市	年份	产生量/ （万 t/a）	处置量/ （万 t/a）	贮存量/ （万 t/a）	综合利用量/ （万 t/a）	综合利用率/ %	固体废物排放量/ （万 t/a）
都匀市	2006	41.32	0.77	0.00	33.00	79.87	7.55
	2007	52.45	1.25	0.00	43.42	82.79	7.78
	2008	54.56	1.50	0.00	45.4	83.20	7.66
	2009	60.85	0.96	0.00	51.05	83.90	8.84
	2010	67.07	1.32	0.00	56.67	84.50	9.08
福泉市	2006	492.06	8.70	456.94	26.36	5.36	0.06
	2007	571.92	11.47	527.03	33.39	5.84	0.03
	2008	353.82	5.23	300.56	48.02	13.40	0.01
	2009	436.4	0.03	299.92	136.44	31.20	0.01
	2010	367.81	0.00	302.2	65.54	17.80	0.07
麻江县	2006	23.15	0.00	2.00	1.87	8.08	19.27
	2007	28.84	0.09	3.00	2.85	9.88	22.90
	2008	5.14	0.00	2.09	2.80	54.40	0.25
	2009	3.91	0.00	2.62	1.28	32.70	0.01
	2010	5.50	0.00	1.79	3.75	67.20	0.01
丹寨县	2006	1.20	0.48	0.10	0.55	45.61	0.07
	2007	1.23	0.49	0.10	0.58	47.00	0.02
	2008	0.28	0.00	0.06	0.22	78.50	0.00
	2009	0.15	0.00	0.13	0.02	13.30	0.00
	2010	3.16	0.00	0.19	2.96	93.60	0.01
黄平县	2006	0.03	0.00	0.00	0.03	100.00	0.00
	2007	0.07	0.00	0.00	0.07	100.00	0.00
	2008	0.03	0.00	0.00	0.03	100.00	0.00
	2009	0.09	0.00	0.00	0.09	100.00	0.00
	2010	0.27	0.00	0.00	0.27	100.00	0.00
凯里市	2006	122.11	74.61	0.25	45.69	37.42	1.56
	2007	119.96	74.90	0.30	40.54	33.80	4.26
	2008	113.2	75.6	0.34	35.2	31.10	2.06
	2009	95.89	54.79	1.01	40.04	41.70	0.05
	2010	51.13	29.5	0.00	21.59	42.20	0.04

县市	年份	产生量/ （万 t/a）	处置量/ （万 t/a）	贮存量/ （万 t/a）	综合利用量/ （万 t/a）	综合利用率/ %	固体废物排放量/ （万 t/a）
雷山县	2006	0.47	0.10	0.00	0.35	74.28	0.02
	2007	0.52	0.13	0.00	0.37	71.84	0.01
	2008	0.64	0.15	0.00	0.43	67.50	0.06
	2009	4.37	0.00	0.00	4.37	100.00	0.00
	2010	5.57	0.00	0.00	5.57	100.00	0.00
台江县	2006	2.23	2.05	0.06	0.05	2.25	0.06
	2007	2.67	2.50	0.10	0.06	2.24	0.04
	2008	1.76	0.00	0.21	1.55	88.00	0.00
	2009	1.49	0.00	0.36	0.88	59.00	0.21
	2010	1.50	0.37	0.00	1.05	70.00	0.08
剑河县	2006	0.77	0.00	0.72	0.00	0.47	0.05
	2007	0.82	0.00	0.80	0.01	1.22	0.01
	2008	0.91	0.00	0.89	0.01	1.01	0.01
	2009	0.22	0.15	0.00	0.07	31.80	0.00
	2010	0.40	0.00	0.25	0.14	35.00	0.01
三穗县	2006	0.30	0.00	0.00	0.18	59.42	0.12
	2007	0.40	0.00	0.00	0.25	63.29	0.15
	2008	0.51	0.00	0.00	0.36	70.50	0.15
	2009	0.76	0.00	0.00	0.64	84.21	0.12
	2010	2.38	0.00	0.00	2.37	99.57	0.01
锦屏县	2006	0.19	0.00	0.00	0.19	100.00	0.00
	2007	0.21	0.00	0.00	0.21	100.00	0.00
	2008	0.24	0.00	0.00	0.24	100.00	0.00
	2009	0.18	0.00	0.00	0.18	100.00	0.00
	2010	0.25	0.00	0.00	0.25	100.00	0.00
黎平县	2006	1.45	0.20	0.00	1.13	77.76	0.13
	2007	1.59	0.25	0.00	1.21	75.60	0.14
	2008	1.65	0.28	0.00	1.24	75.20	0.13
	2009	3.05	0.00	0.09	2.92	95.73	0.03
	2010	0.94	0.00	0.00	0.94	10.00	0.00
天柱县	2006	0.33	0.05	0.00	0.22	66.52	0.06
	2007	0.47	0.10	0.00	0.31	65.59	0.06
	2008	2.66	0.00	2.35	0.31	11.65	0.00
	2009	5.89	0.00	4.95	0.93	15.78	0.01
	2010	0.52	0.00	0.00	0.52	100.00	0.00

注：以上数据来源于环境统计数据及"十一五"全国环境统计信息系统（贵州省环境统计表）。

由表 6-6 可以看出,清水江流域各县市工业固体废物综合利用率整体呈上升趋势,这是由于近几年来煤矸石、粉煤灰、炉渣等作为建材行业材料使用、冶炼废渣综合回收利用、对不可利用的绝大多数工业固体废物进行贮存或处置等因素所致。

(2)磷石膏渣场。贵州川恒化工有限责任公司(以下简称川恒化工)磷石膏渣场 2003年建成,贵州宏福实业开发有限总公司瓮福磷肥厂(以下简称瓮福磷肥厂)磷石膏渣场于 1999 年建成,由于两个渣场所处场址环境复杂,地下水发育,防渗设置达不到要求,渣场的水溶性磷、氟长期渗漏,部分水体进入清水江,是清水江流域磷、氟污染的主要因素之一。近几年来,瓮福磷肥厂虽然完成了渣场防渗处理,但是防渗膜下的酸性废水仍然还在排放,目前膜下酸性废水最主要的渗漏点还未找到;川恒化工 2006 年开始铺设防渗膜,当年渗漏量减少了 30%,2008 年完成全部铺膜,渗漏量减少了 80%~90%,同样存在渗漏点的情况。根据以往资料显示瓮福磷肥厂和川恒化工渣场从建成年开始每年分别渗漏磷、氟为 2 027 t/a、1 139 t/a 和 560.7 t/a、315 t/a[4],但由于两家企业都进行了防渗措施的完善和环保设施的建设,故假设从 2008 年起,渗漏磷、氟的量都递减 85%的值进行核算。

6.1.4.2 流域内生活垃圾污染

城镇人口生活垃圾按 1.0 kg/(人·d)计,农业人口按 0.80 kg/(人·d)[11],生活垃圾的 COD 含量为 950 mg/kg、NH_3-N 为 15 mg/kg、总磷为 2.30 mg/kg[5],则流域内生活垃圾及污染物排放量见表 6-7。

表 6-7 清水江流域生活垃圾及污染物排放量

县份	年份	城镇人口/万人	农业人口/万人	城镇垃圾/(万 t/a)	农村垃圾/(万 t/a)	COD/(t/a)	NH_3-N/(t/a)	总磷/(t/a)
都匀市	2006	15.95	15.01	5.82	4.38	96.94	1.53	0.23
	2007	16.11	14.85	—	4.34	41.19	0.65	0.10
	2008	16.27	14.52	—	4.24	40.28	0.64	0.10
	2009	16.47	14.13	—	4.13	39.20	0.62	0.09
	2010	16.69	14.07	—	4.11	39.03	0.62	0.09
福泉市	2006	6.00	26.20	2.19	7.65	93.48	1.48	0.23
	2007	6.05	23.40	2.21	6.83	85.89	1.36	0.21
	2008	6.20	20.47	2.26	5.98	78.28	1.24	0.19
	2009	6.50	20.00	2.37	5.84	78.02	1.23	0.19
	2010	7.00	19.80	—	5.78	54.93	0.87	0.13

县份	年份	城镇人口/万人	农业人口/万人	城镇垃圾/（万 t/a）	农村垃圾/（万 t/a）	COD/（t/a）	NH₃-N/（t/a）	总磷/（t/a）
麻江县	2006	2.53	21.98	0.92	6.42	69.75	1.10	0.17
	2007	2.85	21.02	1.04	6.14	68.19	1.08	0.17
	2008	3.19	20.32	1.16	5.93	67.43	1.06	0.16
	2009	3.37	20.18	1.23	5.89	67.66	1.07	0.16
	2010	3.46	19.74	1.26	5.76	66.76	1.05	0.16
丹寨县	2006	1.68	13.78	0.61	4.02	44.05	0.70	0.11
	2007	1.73	13.99	0.63	4.09	44.81	0.71	0.11
	2008	1.85	14.44	0.68	4.22	46.47	0.73	0.11
	2009	2.05	14.69	0.75	4.29	47.86	0.76	0.12
	2010	2.23	14.82	0.81	4.33	48.84	0.77	0.12
黄平县	2006	1.26	7.68	0.46	2.24	25.67	0.41	0.06
	2007	1.32	7.80	0.48	2.28	26.21	0.41	0.06
	2008	1.40	7.99	0.51	2.33	27.02	0.43	0.07
	2009	1.44	8.13	0.53	2.37	27.55	0.43	0.07
	2010	1.45	8.26	0.53	2.41	27.94	0.44	0.07
凯里市	2006	20.98	27.46	7.66	8.02	148.92	2.35	0.36
	2007	21.43	27.01	—	7.89	74.93	1.18	0.18
	2008	22.21	26.89	—	7.85	74.59	1.18	0.18
	2009	24.49	26.49	—	7.74	73.48	1.16	0.18
	2010	31.00	26.68	—	7.79	74.01	1.17	0.18
雷山县	2006	1.10	7.82	0.40	2.28	25.51	0.40	0.06
	2007	1.21	8.35	0.44	2.44	27.36	0.43	0.07
	2008	1.29	8.76	0.47	2.56	28.77	0.45	0.07
	2009	1.33	9.06	0.49	2.65	29.74	0.47	0.07
	2010	1.37	9.18	—	2.68	25.47	0.40	0.06
台江县	2006	2.27	12.89	0.83	3.76	43.63	0.69	0.11
	2007	2.36	13.01	0.86	3.80	44.27	0.70	0.11
	2008	2.40	13.11	0.88	3.83	44.69	0.71	0.11
	2009	2.65	13.16	0.97	3.84	45.69	0.72	0.11
	2010	2.80	14.03	1.02	4.10	48.63	0.77	0.12
榕江县	2006	0.08	3.88	0.029	1.133	11.041	0.174	0.027
	2007	0.08	3.92	0.029	1.145	11.151	0.176	0.027
	2008	0.08	3.93	0.029	1.148	11.179	0.177	0.027
	2009	0.09	3.96	0.033	1.156	11.297	0.178	0.027
	2010	0.09	3.98	0.033	1.162	11.353	0.179	0.027

县份	年份	城镇人口/万人	农业人口/万人	城镇垃圾/（万 t/a）	农村垃圾/（万 t/a）	COD/（t/a）	NH₃-N/（t/a）	总磷/（t/a）
剑河县	2006	3.81	22.60	1.39	6.60	75.90	1.20	0.18
	2007	4.05	22.77	1.48	6.65	77.21	1.22	0.19
	2008	4.46	22.79	1.63	6.65	78.68	1.24	0.19
	2009	4.70	22.86	1.72	6.68	79.71	1.26	0.19
	2010	4.80	23.07	—	6.74	64.00	1.01	0.15
三穗县	2006	4.21	17.98	1.54	5.25	64.47	1.02	0.16
	2007	4.46	17.46	1.63	5.10	63.90	1.01	0.15
	2008	4.69	17.23	1.71	5.03	64.06	1.01	0.16
	2009	4.88	17.06	1.78	4.98	64.25	1.01	0.16
	2010	5.03	16.83	1.84	4.91	64.13	1.01	0.16
施秉县	2006	2.86	10.58	1.04	3.09	39.27	0.62	0.10
	2007	3.06	10.02	1.12	2.93	38.41	0.61	0.09
	2008	3.42	9.75	1.25	2.85	38.91	0.61	0.09
	2009	3.67	9.43	1.34	2.75	38.88	0.61	0.09
	2010	3.89	9.17	—	2.68	25.44	0.40	0.06
锦屏县	2006	2.41	19.68	0.88	5.75	62.95	0.99	0.15
	2007	2.43	19.70	0.89	5.75	63.07	1.00	0.15
	2008	2.49	19.72	0.91	5.76	63.34	1.00	0.15
	2009	2.55	19.76	0.93	5.77	63.66	1.01	0.15
	2010	2.60	19.97	0.95	5.83	64.41	1.02	0.16
黎平县	2006	8.90	45.99	3.25	13.43	158.44	2.50	0.38
	2007	9.70	46.70	3.54	13.64	163.18	2.58	0.40
	2008	10.50	47.89	3.83	13.98	169.26	2.67	0.41
	2009	11.20	48.33	4.09	14.11	172.90	2.73	0.42
	2010	12.60	48.70	—	14.22	135.09	2.13	0.33
天柱县	2006	6.01	35.78	2.19	10.45	120.09	1.90	0.29
	2007	6.98	35.98	2.55	10.51	124.01	1.96	0.30
	2008	7.65	36.32	2.79	10.61	127.28	2.01	0.31
	2009	8.23	36.72	3.00	10.72	130.40	2.06	0.32
	2010	8.80	37.10	3.21	10.83	133.43	2.11	0.32

注：人口数据来源于调研中各县市所报数据。

都匀市和凯里市城市生活垃圾无害化处理场在 2006 年投入运行，处理规模均为 250 t/d，因此，从 2007 年起对两市的城镇生活垃圾不再进行统计；剑河县、福泉市、黎平县、雷山县、施秉县城市生活垃圾卫生填埋处理工程建成投运时间均在 2009 年年底，因此，从 2010 年起对这 5 个县市不再进行统计。

目前，整个清水江流域内城镇生活垃圾卫生填埋处理工程都已经建成投运（2010年年底建成投运的有 8 个县），而乡村的生活垃圾仍随处丢弃，无集中垃圾填埋场和处理设施，希望各级政府对乡村生活垃圾处理采取积极的措施，减少对周围环境造成的不良影响。

6.1.5　清水江流域污染物排放总结

2006—2010 年各污染源排放污染物汇总见表 6-8。

表 6-8　2006—2010 年清水江流域污染物排放汇总　　　　　　单位：t

污染物	工业废水	生活污水	农村径流	畜禽污染	工业固废	生活垃圾	流域合计
COD	3 644.83	338 113.66	4637	1 732.95		5 521.73	353 650.17
氨氮	783.64	22 306.48	927.4	346.55		87.19	24 451.26
总磷	21.60	1 462.99	303.9		6 339.86	13.37	8 141.73
氟化物	7.31				3 562.3		3 569.61

（1）COD：生活污水所排放的 COD 量在清水江流域中所占比例最大，达到 95.60%；其次为生活垃圾（1.56%）、农村径流（1.31%）、工业废水（1.03%）、畜禽污染（0.50%）。

（2）氨氮：生活污水排放的氨氮量在整个清水江流域中所占比例最大，为 91.22%；其次为农村径流（3.80%）、工业废水（3.21%）、畜禽污染（1.42%）、生活垃圾（0.35%）。

（3）总磷：工业固体废物中的磷石膏渣场所排放的磷占整个流域的 77.87%，其次为生活污水（17.97%）、农村径流（3.73%）、工业废水（0.27%）、生活垃圾（0.16%）。

（4）氟化物：整个流域的氟化物主要是渣场所排放，占流域总量的 99.79%，还有少部分是工业废水排放（0.21%）。

经过现场调研和整理的数据资料显示，在整个"十一五 "期间，清水江流域的污染综合防治工作开展得比较全面，工业企业综合治理力度大，效果显著，很多污染严重、未配套污染处理设施和设备不能正常运行的企业都被强制性关停；同样，畜禽养殖场手续不全，未进行污水处理的都进行了严肃的处理，有的甚至被关停（如都匀市伊势养鸡场）。通过 4 种污染物不同污染途径的比较可以清晰地看出，清水江流域污染治理中加强对生活污水的治理可以大大削减流域内 COD 和氨氮的排放量，特别是农村及城镇周边区域生活污水的处理应受到足够的重视；对工业固废渣场的防渗处理可以有效地减少流域内总磷和氟化物的排放量，虽然两个大型企业都采取了相应的防渗措施，也取得了较好的效果，但是渗漏点仍然存在，需要加强防渗工作的深度，对于一些小型无环保手续的企业应该严厉查处，严防偷排、漏排现象；同时，通过数据可以发现农业面源污染（农村径流）所占的比重也比较大，畜禽污染也占有相当的比重，所以在对整个清水江流域污染进行综合治理的时候，要注意农村径流和畜禽养殖污染这两个方面的污染防治。

6.2 水污染治理成本计算及核算模型研究

6.2.1 流域水资源价值模型

水资源作为一种自然资源，它应具有自然资源价值和生态环境价值，对人类来说，生态环境价值是一种间接的价值，包括生态系统的良性循环、生态环境的物质平衡等；而自然资源价值是一种直接的价值，人们可以在生活、生产中直接加以利用。所以水资源应该是有偿使用的，在水资源被利用的同时应该对其所受的污染进行治理和补偿，即从市场的角度将其商品化，计算水资源的经济使用价值来衡量其所受污染需要治理的成本[12, 13]，其计算公式为

$$C = K \times \mathrm{Val} \times Q \tag{6.2}$$

式中：C —— 污染治理成本数额；

K —— 判断系数，当研究区域（县、市）水质劣于规定水质时 $K=1$，当研究区域（县、市）水质达到或优于规定水质时 $K=0$；

Val —— 区域水资源价值；

Q —— 水量（年均流量）。

6.2.1.1　模型计算

根据图 6-6 不同污染程度区域划分和水质评价分析可知清水江流域各区域的达标情况，所以对未达标区域（未达到Ⅲ类水质标准）进行模型核算，模型参数见表 6-9，其中判断系数 K 均取 1；其余达标区域 K 取 0，所以 $C=0$。

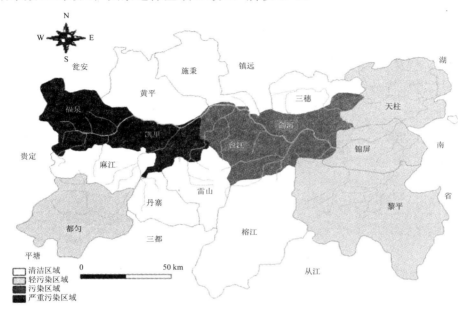

图 6-6　清水江流域不同水污染程度区域划分

表 6-9　水资源价值模型相关参数

区域名称	达标情况	污染程度	年均流量/（亿 m³/a）
福泉市	未达标	严重污染	31.4
都匀市	未达标	轻污染	24.5
凯里市	未达标	严重污染	35.7
台江县	未达标	污染	40.3
剑河县	未达标	污染	41.2
锦屏县	未达标	轻污染	52.9
天柱县	未达标	轻污染	58.1

根据调研黔南州和黔东南州水价定价标准可以将流域水资源价值 Val 平均估价为 0.6 元/m³，将表 6-9 中的流量代入水资源价值公式中进行计算，得到 2010 年清水江流域污染治理成本约为 170.4 亿元。

6.2.1.2 模型分析

此模型虽然计算简单，但是考虑问题不够全面。首先，计算参数，年均流量的核算会受枯水期和丰水期的影响，加上支流和干流流量相差较大，所以取平均值会不太准确；其次，模型本身只针对未达标的区域进行核算，并未将严重污染、污染和轻污染的地区有区别地计算，也就是说实际情况下，轻污染、污染和严重污染区域治理费用应该有所差别，而模型从水资源价值的角度回避了此差别，计算结果与单独的污染治理相比偏大。

水污染治理是以改善水质为目的的最直接的环境污染控制手段，而水资源价值模型则是从侧面反映人们应该保护水资源，合理开发和利用水资源，不让其丧失自身的功能，同时从核算也能看出水资源的珍贵性。

6.2.2 流域水质水量模型

流域水体是否受到污染，可以通过水质监测数据进行判断，当水体受到污染时，水质变化明显，需要对污染进行治理，防止环境进一步恶化。按照资源环境恢复到降级或污染前的水平所需的费用来计算其治理费用[14]，其估算公式为

$$C = Q \times T \times \text{Pr} \qquad (6.3)$$

式中：C—— 污染治理成本；

Q—— 区域用水量；

T—— 水质提高级别；

Pr—— 水质提高到标准级别所需要花费的成本。

6.2.2.1 模型计算

根据水质评价标准和清水江流域污染程度评价可知各区域水质污染等级。水质水量模型中的各项参数如表 6-10 所示。

表 6-10　水质水量模型参数

流域区域	水质标准等级	污染程度等级	年均用水量/（亿 m³/a）	水质提高级别	提高到标准水质花费的成本/（元/m³）
福泉市	III	V	0.67	2	800
都匀市	III	IV	0.15	1	600
凯里市	III	V	0.33	2	800
台江县	III	V	0.09	2	800
剑河县	III	V	0.10	2	800
锦屏县	III	IV	0.08	1	600
天柱县	III	IV	0.11	1	600

注：以上数据由贵州省环保厅提供。

6.2.2.2　模型分析

该模型从计算方法上看有理有据，但是不足的地方是水质提高级别所需的费用确定过于粗略，根据不同要求、不同处理工艺及技术水平所得到的数字有较大的差别。将表 6-10 中模型参数代入公式进行计算，清水江流域 2010 年水污染治理成本金额为 1 156 亿元。从实际结果可以看出对于整个流域而言要进行完全治理达到水质标准需要投入巨款，这是贵州省政府不能接受的，计算结果超出了政府的承受力，同时也为人们敲响警钟，要使严重污染的水质恢复到"清澈透明"的水质需要付出沉重的代价。

6.2.3　流域污染恢复费用模型

在计算水污染的经济损失时有两种思路：一种是将环境价值分为若干部分，寻找各部分的市场代替品，将代替品价值之和作为环境价值；另一种是由国际组织倡导的恢复费用法，它是指一种环境资源的破坏假定能恢复到原来的状态，这种恢复所需要的费用可作为该环境资源被破坏带来的损失，即计算由于环境污染问题，工业企业及政府、公众所进行的直接环境投入[15]来衡量流域污染治理所需的费用，其计算模型如下：

$$C = \sum_{i=1}^{n}(M_i + L_i + \text{Eco}_i) \tag{6.4}$$

式中：C —— 污染治理费用；

M_i —— 第 i 个企业进行的污染治理投入；

L_i —— 第 i 个地区生活污染源治理投入（城市污水处理工程、修建垃圾填埋场等）；

Eco_i —— 第 i 个地区进行的生态治理投入（区域生态治理项目等）。

6.2.3.1 模型计算

由于污染治理是一个长期的过程，因此，根据调研的结果确定流域内工业企业废水处理设施折旧年限按 10 年计算，生活污染源污水治理设施折旧年限按 20 年计算。工业企业污染治理项目投资情况见表 6-11；城市污水处理工程和生活垃圾卫生填埋场工程按照污染防治规划中建成投运时间为基准（表 6-12），统计 2010 年年底前完成的项目；区域生态治理项目则具体按 2010 年实际投入统计（表 6-13）。

表 6-11　清水江流域工业企业污染治理项目投资情况

区域	治理项目	投资/万元
黔南州	福泉市牛场化肥厂含氟废水处理装置	15
	福泉市双星化肥厂改造硫酸冲渣废水系统	10
	福泉磷肥厂安装在线监测设备	20
	贵州宏福实业开发有限总公司废水循环利用、渣场回水利用	13 465.13
	贵州越都化工有限公司含氟废水回收装置	20
	贵州黄磷有限公司污水处理站	5
	贵州省川恒化工有限责任公司废水收集及防渗工程、新磷石膏渣场铺膜	2 175
	贵州宏富实业开发有限公司硫铁矿制硫酸装置改造、磷石膏场铺 HDPE 防渗膜	6 800
	清和化学有限公司出料场污水收集	1
	三丰啤酒公司污水处理站	25
	福泉市金盛化工有限公司含氟废水处理装置	15
	剑江化肥有限公司改造废渣处理场地、废水处理系统、硝基复肥污染治理工程等	1 950
	都匀市金榕啤酒厂生产废水治理	50
	都匀纸板厂废水处理装置	38
	都匀市恒丰纸业有限公司生产废水治理	50
	贵州开磷集团息烽重钙氮肥厂锅炉废水治理	1 200
黔东南州	凯里市挂丁纸厂黑液回收、污水处理站、污染物治理及制定长期污染规划	1 050
	贵州信邦中药发展有限公司生产废水处理设施	10
	凯里市黔宇电解锰厂事故应急池、渣场防渗	20
	贵州省鱼洞煤矿群废水处理装置	40
	麻江县铅锌洗矿厂废水处理设施	10
	贵州宏凯化工有限责任公司废水处理设施	10

区域	治理项目	投资/万元
黔东南州	麻江县古峒电解锰厂废水处理设施	5
	贵州铁路锌厂事故应急池	5
	全江化工投资有限责任公司凯里市化肥厂废水封闭循环、含氨废水综合利用	500
	丹寨县选矿厂选矿废水治理	30
	炉山镇采煤企业群废水处置装置	160
	剑河县南高选矿厂废水治理及循环池建设	26
	龙场镇采煤企业群废水处理装置	640
	湾水镇采煤企业群废水处理装置	200
	大风洞乡采煤企业群废水处理装置	200
	万潮镇采煤企业群废水处理装置	120
	凯晟纸板有限公司生产废水处理设施	5
	利辉纸板厂废水处理设置、事故应急池	10

表 6-12 生活污染源治理投入

项目名称	建设规模	总投资/万元
都匀市污水处理厂	6.0 m³/d	1 1806
麻江县污水处理工程	0.4 m³/d	1 884.6
福泉市污水处理工程	1.5 m³/d	4 698.23
黎平县污水处理工程	0.8 m³/d	2 286
黄平县污水处理工程	0.5 m³/d	1 990
雷山县污水处理工程	0.3 m³/d	1 592
丹寨县污水处理工程	0.3 m³/d	1 416.71
施秉县污水处理工程	0.5 m³/d	3 600
剑河县污水处理工程	0.4 m³/d	1 800
三穗县污水处理工程	0.5 m³/d	2 517
天柱县污水处理工程	0.6 m³/d	2 970
剑河县城生活垃圾卫生填埋处理工程	40 t/d	1 426
福泉市生活垃圾卫生填埋处理工程	150 t/d	2 858.69
黎平县城生活垃圾卫生填埋处理工程	85 t/d	2 026
雷山县城生活垃圾卫生填埋处理工程	40 t/d	2 100
施秉县城生活垃圾卫生填埋处理工程	60 t/d	2 500
麻江县城生活垃圾卫生填埋处理工程	40 t/d	1 600
黄平县城生活垃圾卫生填埋处理工程	70 t/d	2 400
台江县城生活垃圾卫生填埋处理工程	40 t/d	2 221
榕江县城生活垃圾卫生填埋处理工程	80 t/d	3 696
三穗县城生活垃圾卫生填埋处理工程	70 t/d	3 280

表 6-13　生态治理投入

项目	具体工程	投资/万元
谷江河流域石漠化治理工程	建设引水坝 3 座，引水渠 25 km，拦砂坝 8 座，30 m³ 小水池 100 座，坡改梯 33 hm²，管护步道 2 km	698
2010 年黔东南州水土保持治理工程	种植水土保持林，建小型水利设施、种植经济果木林、进行封禁治理，完成水土流失治理面积 30 km²	90
黄平县重安江段生态治理工程	老城区下水道改造、路面处理修建、新城区下水道、绿化、人畜饮水工程	370
剑河县温泉村农村环境综合整治项目	温泉村生活污水收集管网建设工程、污水处理工程、生活垃圾收集工程、饮用水源地界碑和界桩设界工程	100
剑河县境内三板溪水库剑河库区漂浮物打捞治理工程	三板溪水库剑河库区水上蓝藻等漂浮物打捞治理工程，购买打捞除藻专用船舶一艘	400
剑河县南脚溪集中式饮用水源保护区环境综合整治	建设该饮用水源保护区库区界碑 3 块，界桩 20 块，两侧防护网 100 m；在饮用水水源保护区所在地村寨建成消防池 2 座，消防管 2 000 m，垃圾池 5 个；公开栏一块，停车场水泥硬化 15 m²，球场边阶梯硬化 5 m	25
清水江流域剑河段水生态治理	向清水江流域剑河段投放价值鲤鱼、草鱼、鲢鱼、鳙鱼等鱼苗 68 万余尾	38
台江县三板溪水库剑河库区沅江河污染治理	漂浮物和垃圾打捞	3.3
台江县红阳村环境综合整治项目	铺设 1 000 余 m 污水管网；改造 400 m 明渠；修建 16 座垃圾池，设立 20 个垃圾箱；修建 1 座污水收集处理站，人工湿地 1 座；划定饮用水源保护范围，修建保护界碑、界桩	70.6
台江县打岩沟饮用水源保护区	建设界桩 100 块、警示牌 1 个、界碑 1 块	10
麻江县碧波乡柿花村农村环境综合整治项目	新建湿地污水处理系统 2 套，排污沟 2 000 m，垃圾收集池 4 座，垃圾中转站 1 座，垃圾清运车 1 辆	60
麻江县龙山乡龙山村农村环境综合整治项目	新建污水处理系统 1 座，排污沟 700 m，垃圾收集池 5 座，垃圾清运车 1 辆	16
麻江县谷硐镇摆沙村农村环境综合整治项目	购买垃圾清运车 2 辆，手推车 5 辆，25 000m³ 垃圾堆放点 1 个，垃圾中转站 6 座，垃圾收集池 7 座，居民区生活污水处理管网 4 600 m，污水处理池 2 座	54

项目	具体工程	投资/万元
麻江县贤昌乡贤昌村农村环境综合整治项目	垃圾收集池 5 座,垃圾清运车 1 辆,环卫工具 4 套,宣传栏 1 个,果皮箱 10 个	18
凯里市金泉湖生态恢复项目	拆除 5 家餐饮店;在 5 家餐饮店原址上恢复生态植被	320
凯里市金泉湖水库、里禾水库等饮用水源保护区界碑界桩安装工程	金泉水库、里禾水库、普舍寨水厂、龙井水厂饮用水源地界碑、界桩安装工程	50
丹寨县泉山水库及刘家桥水库饮用水源保护工程	设置界碑 2 块,界桩 18 块,警示牌 6 块,防护网 180 m,垃圾箱 10 个,修建垃圾中转站 2 座,配置手推车 2 辆	10
丹寨县扬武乡老冬村农村环境综合整治工程	封闭式垃圾收集池 7 座,手推车 7 辆、电喇叭 7 个、排水沟及排污管改造 380 m、污水处理池 1 座	16
丹寨县扬武乡老八寨村农村环境综合整治工程	污水收集、处理设施、垃圾收集转运设施、集中取水点保护	48
锦屏县境内三板溪库区水葫芦打捞项目	打捞、清理三板溪库区锦屏县境内的水葫芦等漂浮物	152
锦屏县荒山造林、巩固退耕成果人工造林、封山育林	退耕还林工程	941.6
锦屏县境内县级、省级森林植被恢复人工造林及封山育林	森林植被恢复	1 120.86
天柱县将军坡小流域治理	水土流失治理水保林 20 km²	160
天柱县金山小流域治理	水土流失治理水保林 20 hm²,封山育林 80 hm²	20
天柱县汶溪河小流域治理	治理水土流失水保林 10 km²,封山育林 5 km²	150
三穗县 2010 年退耕还林工程营造林项目	5 000 亩封山育林	35
三穗县 2010 年巩固退耕还林成果专项资金项目	基本农田、农村能源和后续产建设	217.26
三穗县 2010 年天保工程	天然林保护工程:10 000 亩	70
三穗县 2010 年大山沟饮用水地环境综合整治	在保护区建设警示防护措施,主要完善标牌、界碑和界桩,建设垃圾收集池及配套配置的手推车	28.5
雷山县西江镇西江村	完成饮用水源的划界打桩工作,设立饮用水源警示碑 6 块,界桩 60 块;购置垃圾清运车辆 1 台,完成垃圾中转站 1 座,完成污水截污沟 1 100 m;购置环保垃圾箱 55 个	46

2010 年，清水江流域工业企业污染治理项目投资共 28 880.13 万元，生活污染源治理投入 60 668.23 万元，生态治理投入 5 338.12 万元。将三项统计数据代入流域污染恢复费用模型，最终得到污染治理成本为 13 667.0445 万元。

6.2.3.2　模型分析

此模型虽然计算过程简单，但是统计数据比较复杂，涉及面较广，所以存在统计不全面的现象，模型核算数据结果偏小。此外，模型的核算结果只是直接反映流域内污染防治情况，与流域污染治理成本相比范围较窄，也就不能完全说明需要投入的总治理成本，模型核算结果没有体现污染防治的最终效果。

6.2.4　流域最大支付意愿模型

人们对资源环境价值以及对环境污染支付费用意愿的认识变化可以通过构建假想市场来揭示人们对于环境改善的最大支付意愿（WTP），换言之，WTP 是要在模拟市场中引导受访者说出其意愿支付或获得补偿的货币量[16]。最大支付意愿的货币额度是用人均最大支付意愿与人口的乘积估算得到的，公式如下：

$$C = \text{WTP} \times \text{Num} \qquad (6.5)$$

式中：C —— 支付的数额；

　　　　WTP —— 最大支付意愿；

　　　　Num —— 人口数量。

6.2.4.1　模型计算

通过对黔南州和黔东南州清水江流域地区 25～50 岁的群众进行随机访问的方式，统计其最大支付意愿的价格。具体做法如下：首先，告知受访者、政府、企业在 2010 年治理清水江污染中投入的金额，将金额平分到每个流域内的居民，大概是 60 元/（人·a）；然后让受访者在 20 元、40 元、60 元、80 元、100 元 5 个选项中做出选择；最后通过受访的 185 人次中，在经济可以承受的情况下，有 11.8% 的居民选择了 20 元；有 32.5% 的居民选择了 40 元；有 42.8% 的居民选择了 60 元；有 8.8% 的居民选择了 80 元；有 3.9% 的居民选择了 100 元。他们认为保护环境人人有责，平时参与环境保护的具体工作的机会比较少，因此愿意出钱治理环境污染。经过计算，流域内人均最大支付意愿为 50 元/（人·a），将其代入公式，乘以流域内人口数 221.74 万人，得到金额为 11 087 万元。

6.2.4.2　模型分析

理论上这种方法简易可行，但是由于受访者年龄的限制和 2010 年总投入估计值偏小的缘故，最后得到的金额也偏小。不过，通过调研可以发现居民对自身周边的环境重视度比较高，愿意为环境污染治理做出力所能及的贡献，但是此模型只是从侧面反映了治理额度的大小，不能完全说明总治理成本的投入。

6.2.5　流域污染治理成本核算模型讨论

经过对上述模型的对比分析可以清楚地看到，各个模型的优缺点（表 6-14），同时就核算金额来看差异较大，原因在于不同的模型参数的选取不同，4 种模型都是从总体上对清水江流域进行核算分析。

表 6-14　治理成本模型（方法）对比分析

模型名称	治理成本金额/亿元	不足之处
水资源价值模型	170.4	参数 Q 和 Val 存在不确定性，计算结果不稳定
水质水量模型	1 156	水质提高到标准级别所需要花费的成本及用水量难以统计，在清水江流域治理成本核算上存在水土不服的现象
污染恢复费用模型	1.366 7	模型只针对了间接的污染治理（污染防治），未对投入到污染物实际治理中的成本进行核算
最大支付意愿模型	1.108 7	耗时较长、操作性不强，需要大样本量作支撑

6.2.6　流域水污染治理成本核算系统分析法

根据以上 4 种核算模型的讨论结果可以看出，任何一种模型套用在清水江流域水污染治理成本核算问题上都是不合理的。因为清水江流域涉及面较广，光靠传统的核算模型难以从细节进行准确计算，不能完整地反映出总体的治理成本投入。笔者认为应该根据清水江流域自身的特点，从污染源调查分析入手对各个环节进行系统核算，即用系统分析法来全面核算污染治理成本。

6.2.6.1　清水江流域水污染治理成本核算体系构建

通过对清水江流域调研的结果分析，针对清水江流域特定的环境，提出清水江流域水污染治理成本的核算体系（图6-7），由此核算体系对整个流域进行污染治理成本核算，其中污染实际治理成本是指目前已经发生的治理成本，即污染物去除量与单位实际治理成本的乘积；虚拟治理成本是指将目前排放到环境中的污染物全部处理所需要的成本，即污染物排放量与单位污染物虚拟治理成本的乘积。同时，实际治理成本和虚拟治理成本还应包括污染物治理设施的维护、运行成本。

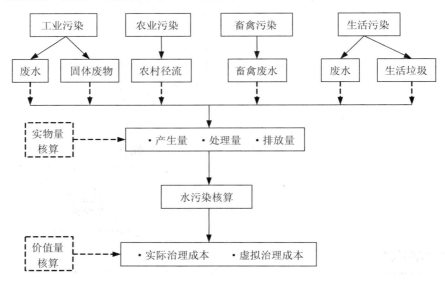

图6-7　清水江流域水污染治理成本核算体系框架

6.2.6.2　清水江流域水污染治理成本核算

根据图6-7核算框架所示，分别对工业污染、农业污染、畜禽污染、生活污染进行实际成本和虚拟成本核算：

（1）工业污染核算。

a. 工业废水中污染物治理成本核算（实际治理成本）。

$$Y_{Gw} = \sum_{i=1}^{n} \sum_{j=1}^{15} X_{ij}^{(1)} \times C_{gs} \tag{6.6}$$

式中：i —— i 个企业，$i=1$，$\cdots$，n；

j —— j 个地区，$j=1$，$\cdots$，15；

$X_{ij}^{(1)}$ —— 在 j 地区 i 个企业污染物治理量（去除量）；

C_{gs} —— 工业废水中单位污染物实际治理成本；

Y_{Gw} —— 工业废水中污染物实际治理成本。

b. 工业废水中污染物治理成本核算（虚拟治理成本）。

$$Y_{Gw}^{*} = \sum_{i=1}^{n}\sum_{j=1}^{15} X_{ij}^{(1)^{*}} \times C_{gv} \qquad (6.7)$$

式中：i —— i 个企业，$i=1$，$\cdots$，n；

j —— j 个地区，$j=1$，$\cdots$，15；

$X_{ij}^{(1)^{*}}$ —— 在 j 地区 i 个企业污染物排放量；

C_{gv} —— 工业废水中单位污染物虚拟治理成本；

Y_{Gw}^{*} —— 工业废水中污染物虚拟治理成本。

c. 工业固体废物（磷石膏渣场渗漏）污染治理成本核算。

$$Y_{Gs}^{*} = \sum_{i=1}^{n}\sum_{j=1}^{15} X_{ij}^{(2)} \times C_{gv} \qquad (6.8)$$

式中：i —— i 个企业，$i=1$，$\cdots$，n；

j —— j 个地区，$j=1$，$\cdots$，15；

$X_{ij}^{(2)}$ —— 在 j 地区 i 个企业污染物渗漏量；

C_{gv} —— 工业废水中单位污染物虚拟治理成本；

Y_{Gs}^{*} —— 工业固体废物渗漏到水体中污染物虚拟治理成本。

（2）农业污染（农村径流）治理成本核算。

$$Y_{N}^{*} = \sum_{j=1}^{15} X_{j}^{(3)} \times C_{sv} \qquad (6.9)$$

式中：j —— j 个地区，$j=1$，$\cdots$，15；

$X_{j}^{(3)}$ —— j 地区农村径流污染物排放量；

C_{sv} —— 农业废水中单位污染物虚拟治理成本；

Y_{N}^{*} —— 农业废水排放到水体中污染物虚拟治理成本。

（3）畜禽污染。

a. 畜禽养殖污染物治理成本核算（实际治理成本）。

$$Y_Q = \sum_{j=1}^{15} X_j^{(4)} \times C_{qs} \tag{6.10}$$

式中：j——j 个地区，$j=1$，…，15；

$X_j^{(4)}$ —— j 地区畜禽养殖废水污染物治理量（去除量）；

C_{qs} —— 畜禽养殖废水中单位污染物实际治理成本；

Y_Q —— 畜禽养殖废水排放到水体中污染物实际治理成本。

b. 畜禽养殖污染物治理成本核算（虚拟治理成本）。

$$Y_Q^* = \sum_{j=1}^{15} X_j^{(4)^*} \times C_{qv} \tag{6.11}$$

式中：j——j 个地区，$j=1$，…，15；

$X_j^{(4)^*}$ —— j 地区畜禽养殖废水污染物排放量；

C_{qv} —— 畜禽养殖废水中单位污染物虚拟治理成本；

Y_Q^* —— 畜禽养殖废水排放到水体中污染物虚拟治理成本。

（4）生活污染。

a. 生活污水中污染物治理成本核算（实际治理成本）。

$$Y_{Sw} = \sum_{j=1}^{15} X_j^{(5)} \times C_{ss} \tag{6.12}$$

式中：j——j 个地区，$j=1$，…，15；

$X_j^{(5)}$ —— j 地区生活污水中污染物治理量（去除量）；

C_{ss} —— 生活污水中单位污染物实际治理成本；

Y_{Sw} —— 生活污水中污染物实际治理成本。

b. 生活污水中污染物治理成本核算（虚拟治理成本）。

$$Y_{Sw}^* = \sum_{j=1}^{15} X_j^{(5)^*} \times C_{sv} \tag{6.13}$$

式中：j——j 个地区，$j=1$，…，15；

$X_j^{(5)^*}$ —— j 地区生活污水中污染物排放量；

C_{sv} —— 生活污水中单位污染物虚拟治理成本；

Y_{Sw}^{*} —— 生活污水中污染物虚拟治理成本。

c. 生活垃圾治理成本核算（实际治理成本）。

$$Y_{Ss} = \sum_{j=1}^{15} X_j^{(6)} \times C_{ss} \tag{6.14}$$

式中：j —— j 个地区，j=1，…，15；

$X_j^{(6)}$ —— j 地区生活垃圾中污染物治理量（去除量）；

C_{ss} —— 生活垃圾中单位污染物实际治理成本；

Y_{Ss} —— 生活垃圾中污染物实际治理成本。

d. 生活垃圾治理成本核算（虚拟治理成本）

$$Y_{Ss}^{*} = \sum_{j=1}^{15} X_j^{(6)^{*}} \times C_{sv} \tag{6.15}$$

式中：j —— j 个地区，j=1，…，15；

$X_j^{(6)^{*}}$ —— j 地区生活垃圾中污染物排放量；

C_{sv} —— 生活垃圾中单位污染物虚拟治理成本；

Y_{Ss}^{*} —— 生活垃圾中污染物虚拟治理成本。

考虑到核算的简约性，本书采用单位污染物实际治理成本和单位污染物虚拟治理成本相同进行核算，同时单位治理成本以实际调研、专家咨询结果及根据清水江流域重点监控企业的特点、行业性质和参照《中国环境经济核算技术指南》中有关各行业废水中污染物的虚拟单位治理成本数据[10]为依据确定本书的单位治理成本：①工业废水中COD 单位治理成本取 22.3 元/kg，氨氮取 10.0 元/kg，总磷取 4.5 元/kg，氟化物取 7.5 元/kg；工业磷石膏渣场渗漏的污染物单位治理成本取值同工业废水中的污染物单位治理成本。②畜禽废水中 COD 单位治理成本取 6.8 元/kg，氨氮取 6.2 元/kg。③农村径流污染物单位治理成本与生活污水中污染物单位治理成本及生活垃圾单位污染物治理成本相同，COD 取值为 4.0 元/kg，氨氮为 25.0 元/kg，总磷为 4.0 元/kg，氟化物为 6.0 元/kg。

因此，根据以上公式可以得出污染物实际治理成本和虚拟治理成本公式分别为：

$$\begin{aligned} Y_{实} &= Y_{Gw} + Y_{Q} + Y_{Sw} + Y_{Ss} \\ Y_{虚} &= Y_{Gw}^{*} + Y_{Gs}^{*} + Y_{N}^{*} + Y_{Q}^{*} + Y_{Sw}^{*} + Y_{Ss}^{*} \end{aligned} \tag{6.16}$$

将相关数据及资料搜集整理的数据代入以上公式，得到污染物实际治理成本为

13 905.894 4 万元, 污染物虚拟治理成本为 38 788.042 9 万元。再将上述两个污染物治理成本分别加上污染物治理设施的运行、维护成本最终得到清水江流域 2010 年水污染治理实际成本为 19 559.818 9 万元, 虚拟成本为 44 441.967 4 万元。

同理, 求得 2006—2009 年水污染治理实际成本和虚拟成本, 详见表 6-15。

表 6-15　清水江流域 "十一五" 期间水污染治理成本统计

年份	实际治理成本/万元	虚拟治理成本/万元	虚拟治理成本/实际治理成本
2006	13 003.716 3	49 816.438 8	3.83
2007	13 280.822 9	49 861.913 2	3.75
2008	13 551.801 0	48 218.874 6	3.56
2009	17 127.233 4	45 221.326 0	2.64
2010	19 559.818 9	44 441.967 4	2.27

由表 6-15 可以看出, 贵州省清水江流域 "十一五" 期间水污染实际治理成本在逐渐增大, 呈上升趋势; 虚拟治理成本在逐渐减小, 呈下降趋势; 特别是 2008—2010 年污染防治规划实施以来趋势明显。虚拟治理成本与实际治理成本的比值在逐年缩小, 说明了环境治理力度在不断地加强, 效果明显, 但是污染物排放量依然很大, 对环境污染、生态破坏仍在进行, 应该继续加强工业企业污染治理力度, 大力打击偷排、漏排行为; 快速建设生活污水、生活垃圾处理设施; 降低磷肥、氮肥施用量; 规范规模化畜禽养殖企业污染物处理设施。

由图 6-8 可以看出各县市虚拟治理成本与实际治理成本总体呈现下降趋势, 这说明各县市在工业污染、农业污染、畜禽养殖污染、生活污染 4 个方面做了很多污染治理与防治工作。其中, 工业污染的综合治理在各个县市都开展得比较到位, 各县市都开展了工业污染源普查, 对各类环境污染企业进行了认真的检查和污染物监测, 不合格的企业一律实施停业整顿; 农业污染和畜禽污染由于是属于面源污染难以找出行之有效的方法进行综合治理, 所以这两种污染仍然较大, 但是由于从总量上来说并不是很大, 对总量数据比值的影响较小; 相对而言, 对比值数据影响较大的是生活污染物减排量的大小, 由于本书生活污水和生活垃圾都是采取以人口数作为基准的方法进行核算的, 所以人口基数大的区域则会有大量的生活污水和生活垃圾产生, 加上有些区域污水处理厂和生活垃圾卫生填埋厂没有建成, 致使虚拟治理成本大大超过了实际治理成本, 而在既有城市污染污水处理厂又有生活垃圾处理厂的区域情况则刚好相反，实际治理成本超过了虚拟治理成本。

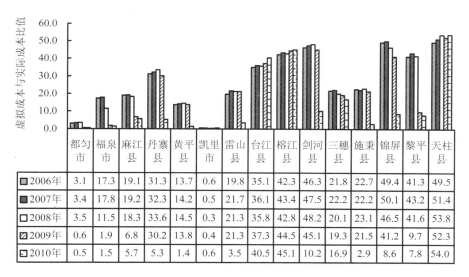

	都匀市	福泉市	麻江县	丹寨县	黄平县	凯里市	雷山县	台江县	榕江县	剑河县	三穗县	施秉县	锦屏县	黎平县	天柱县
■2006年	3.1	17.3	19.1	31.3	13.7	0.6	19.8	35.1	42.3	46.3	21.8	22.7	49.4	41.3	49.5
■2007年	3.4	17.8	19.2	32.3	14.2	0.5	21.7	36.1	43.4	47.5	22.2	22.2	50.1	43.2	51.4
□2008年	3.5	11.5	18.3	33.6	14.5	0.3	21.3	35.8	42.8	48.2	20.1	23.1	46.5	41.6	53.8
▨2009年	0.6	1.9	6.8	30.2	13.8	0.4	21.3	37.3	44.5	45.1	19.3	21.5	41.2	9.7	52.3
▢2010年	0.5	1.5	5.7	5.3	1.4	0.6	3.5	40.5	45.1	10.2	16.9	2.9	8.6	7.8	54.0

图 6-8　清水江流域各县市虚拟成本与实际成本比值统计图

综上所述，各县市成本核算比值的大小反映出各区域在污染治理设备、技术、资金上投入的不同，生活污染源治理成为减少污染物排放总量及区域污染防治的重点关注对象。

6.2.6.3　清水江流域污染损失成本探讨

用系统分析法核算虚拟治理成本，以它作为环境污染成本忽视了排放污染物对周围环境造成的损害，等于默认了治理污染的成本与污染排放造成的损害相等，环境污染治理的效益无从体现。因此，为了通过污染治理费用来探讨污染物对周围环境造成损害的成本（污染损失），本书根据环发〔2011〕60 号文的附件——《环境污染损害数额计算推荐方法》（第 I 版）中有关的确定原则：III类地表水污染修复费用难以计算的地区采取污染治理虚拟成本的 4.5～6 倍进行核算。本书取 4.5 倍，最终核算出清水江流域污染损失成本为 199 988.853 3 万元。

6.3 污染治理成本分配研究

6.3.1 分配模型的建立

根据清水江流域污染物排放量、去除量的成本核算统计以及流域水质综合评价结果的分析，再根据流域内各县市水污染治理成本的综合核算统计结果，设计出在一定资金投入情况下，各县市分配的污染治理成本金额的配置模型，此分配模型如下所示：

$$\begin{cases} Y = \sum_{i=1}^{15} y_i , i=1,\cdots,15 \\ y_i = k \cdot \{X\} \cdot Y , X = \{x_1, x_2, \cdots, x_n\} \end{cases} \quad (6.17)$$

式中：Y —— 所投入的金额总数；

  y_i —— 清水江流域各县市分配到的金额；

  k —— 修正系数；

  $\{X\}$ —— 控制因素的集合，即集合中由 x_1, x_2, $\cdots$, x_n 的控制因素构成，此方程组控制因素由前几章相关要素构建。

6.3.2 模型参数的确定

假设条件：①参数计算以清水江流域 2010 年数据作为基础；②假定目前有 10 亿元资金进行清水江流域综合环境治理。因此，模型各个参数确定如下所示。

6.3.2.1 参数{X}的确定

X_2 在本书中参数 $\{X\}$ 是一个集合参数，通过对前几章的总结分析，构建 $\{x_1 \cdot x_2\}$ 集合参数。其中，x_1 为不同污染程度区域分配权重比例。具体算法如下：首先通过计算各污染区域综合污染指数 pw，然后计算严重污染区域、污染区域、轻污染区域、清洁区域相对于综合污染指数 pw 的倍数（倍数=pw 计算值/pw 下限值），求出倍数后将所有 15 个区域进行不同污染程度的权重分配，分配结果如下：严重污染区域（福泉市、凯里市）：0.55；污染区域（台江县、剑河县）：0.17；轻污染区域（都匀市、天柱县、锦屏县、黎平县）：0.18；清洁区域（麻江县、黄平县、丹寨县、施秉县、雷山县、榕江县、三穗县）：0.10。

X_2 为各县市污染物总量占清水江流域污染物总量的比例（总量=排放量+去除量），计算中通过污染治理总成本反映污染物总量的方法进行核算。具体做法如下，用系统分析法统计出的 2010 年各县市虚拟污染治理成本与实际治理成本求和，得出各县市 2010 年治理污染物总量所需要的金额，然后将此金额与 2010 年清水江流域总治理成本作比值运算即可，结果如下：都匀市：0.092；福泉市：0.070；麻江县：0.060；丹寨县：0.043；黄平县：0.025；凯里市：0.155；雷山县：0.027；台江县：0.042；剑河县：0.069；三穗县：0.057；锦屏县：0.055；黎平县：0.150；天柱县：0.111；施秉县：0.032；榕江县：0.011。

6.3.2.2 修正系数 k

通过{X}的计算和假设在清水江流域 2010 年 10 亿元的投入金额可以计算出各县市的分配金额（表 6-16）。

表 6-16 修正常数未知的情况下各县市分配金额统计

县市	X_1	X_2	Y/亿元	分配金额/元
都匀市	0.045	0.092	10	4 154 381.194
福泉市	0.275	0.070	10	19 255 474.690
麻江县	0.014	0.060	10	838 648.746
丹寨县	0.014	0.043	10	605 739.564
黄平县	0.014	0.025	10	350 012.811
凯里市	0.275	0.155	10	42 642 977.960
雷山县	0.014	0.027	10	376 183.350
台江县	0.085	0.042	10	3 582 522.462
剑河县	0.085	0.069	10	5840 081.092
三穗县	0.014	0.057	10	801 039.080
锦屏县	0.045	0.055	10	2 485 555.400
黎平县	0.045	0.150	10	6 754 026.638
天柱县	0.045	0.111	10	4 992 104.191
施秉县	0.014	0.032	10	452 829.614
榕江县	0.014	0.011	10	152 284.782

通过求和算出总共分配金额为 93 283 861.58 元，将此数据与 10 亿元相比得到修正系数 $k=10.72$。

6.3.3 模型计算结果

经过模型参数的确定，将参数代入对应公式，然后将成本 Y（元）分配到清水江流域 15 个县市，其具体表达式如表 6-17 所示。

表 6-17 清水江流域各县市污染治理成本分配情况

县市	分配金额/元	县市	分配金额/元	县市	分配金额/元
都匀市	$0.0445Y$	福泉市	$0.2064Y$	麻江县	$0.0091Y$
丹寨县	$0.0065Y$	黄平县	$0.0038Y$	凯里市	$0.4571Y$
雷山县	$0.0040Y$	台江县	$0.0384Y$	剑河县	$0.0626Y$
三穗县	$0.0086Y$	锦屏县	$0.0266Y$	黎平县	$0.0724Y$
天柱县	$0.0535Y$	施秉县	$0.0049Y$	榕江县	$0.0016Y$

6.4 本章小结

本章以贵州省清水江流域为研究对象，根据大量的实地调研和相关数据的收集，对流域内各类污染源、水环境现状及其治理成本核算等多个方面进行了分析研究。

（1）贵州省清水江流域在"十一五"期间，污染综合防治工作比较到位，工业企业污染综合治理力度不断增大，工业污染防治成果显著，工业污染排放量逐年减少；由于资金等因素的影响流域内各县市生活污水处理厂和生活垃圾填埋处理工程不能及时地建成投运，致使流域生活污染严重；流域内农业污染和规模化畜禽养殖污染较为严重，目前没有进行有效的污染防治。

（2）生活污水排放是造成清水江流域 COD、氨氮污染的主要因素，工业固体废物中的磷石膏渣场渗漏是造成流域总磷、氟化物污染的主要因素。同时，农业面源污染（农村径流）和畜禽养殖污染所占流域污染总量的比值也在逐年升高。

（3）在水污染治理成本核算及模型研究上，得到以下结论：

a. 通过对国内外常见的水污染治理成本核算模型的计算发现各个模型对于清水江流域均存在"水土不服"的现象：水资源价值模型计算出的治理成本金额为 170.4 亿元，模型参数 Q 和 Val 存在不确定性，计算结果不稳定；水质水量模型计算出的治理成本金额为 1 156 亿元，模型中水质提高到标准级别所花费的成本和流域内各县市的用水量难以统计；污染恢复费用模型计算出的治理成本金额为 1.36 亿元，模型效果较好，但是模型只针对了污染防治，未对投入的污染物实际治理成本进行核算；最大支付意愿模型计算了在条件极值下的治理成本金额为 1.10 亿元，由于耗时较长、需求的样本量太大，操作性不强。

b. 通过流域水污染治理成本系统分析法核算出 2010 年清水江流域水污染治理实际成本为 19 559.818 9 万元，虚拟治理成本为 44 441.967 4 万元。

c. 根据环境污染损害数额计算的推荐方法，本书核算出 2010 年清水江流域污染损失成本为 199 988.853 3 万元。

（4）在污染治理成本分配研究中，得到以下结论：

通过治理成本分配模型：

$$\begin{cases} Y = \sum_{i=1}^{15} y_i,\ i=1,\cdots,15 \\ y_i = k \cdot \{X\} \cdot Y,\ X = \{x_1, x_2, \cdots, x_n\} \end{cases} \quad (6.18)$$

计算出各县市在成本为 Y（元）时的分配结果（表 6-17）。

参考文献

[1] 赖炯萍. 清水江流域水污染综合整治经济效益分析[D]. 贵阳：贵州师范大学，2008.

[2] 刘园. 清水江流域总磷及氟化物总量控制研究[D]. 贵阳：贵州师范大学，2010.

[3] 刘园. 清水江流域总磷、氟化物污染现状分析[J]. 贵州化工，2010，35（5）：33-35.

[4] 贵州省环境科学研究设计院. 清水江水污染防治规划. 2007：41，45-46，66.

[5] 张玉珍. 九龙江流域水污染与生态破坏综合整治绩效评估[R]. 福建省环境科学研究院，2005.

[6] 刘红. 养猪场对环境的污染改善对策及处理利用技术[J]. 农业环境保护，2000，19（2）：101-103.

[7] 王凯军，金东霞，赵淑霞，曹从荣. 畜禽养殖污染防治技术与政策[M]. 北京：化学工业出版社，2004.

[8] 周孟津. 沼气生产利用技术[M]. 北京：中国农业大学出版社，1998.

[9] 石广明. 跨界流域生态补偿标准制定方法研究：以河南省贾鲁河流域为例[D]. 南京：南京大学，2012.

[10] 於方，王金南，曹东，蒋洪强. 中国环境经济核算技术指南[M]. 北京：中国环境科学出版社，2009.

[11] 姜平. 贵州省城市（镇）生活垃圾处理方案评价研究[J]. 环保科技，2001，4（13）：10-16.

[12] 吴忠培. 对建立综合环境经济核算体系的思考[J]. 贵州财经学院学报，1997，6：60-63.

[13] 郭秀云. 对我国国民经济核算体系及其指标的思考[J]. 生态经济，2000，5：40-42.

[14] 李金昌. 价值核算是环境核算的关键[J]. 中国人口·资源与环境，2002，12（3）：11-17.

[15] 程红光，杨志峰. 城市水污染损失的经济计量模型[J]. 环境科学学报，2001，21（3）：318-322.

[16] 张茵，蔡运龙. 条件估值法评估环境资源价值的研究进展[J]. 北京大学学报（自然科学版），2005，41（2）：317-328.

第7章
清水江流域可持续管理的实践与建议

7.1 清水江流域推行河长制

7.1.1 河长制的起源

"河长制"，即由各级党政主要负责人担任"河长"，负责组织领导相应河湖的管理和保护工作。"河长制"工作的主要任务包括 6 个方面：①加强水资源保护，全面落实最严格水资源管理制度，严守"三条红线"；②加强河湖水域岸线管理保护，严格水域、岸线等水生态空间管控，严禁侵占河道、围垦湖泊；③加强水污染防治，统筹水上、岸上污染治理，排查入河湖污染源，优化入河排污口布局；④加强水环境治理，保障饮用水水源安全，加大黑臭水体治理力度，实现河湖环境整洁优美、水清岸绿；⑤加强水生态修复，依法划定河湖管理范围，强化山水林田湖系统治理；⑥加强执法监管，严厉打击涉河湖违法行为[1]。

全面推行河长制，是以保护水资源、防治水污染、改善水环境、修复水生态为主要任务，全面建立省、市、县、乡四级河长体系，构建责任明确、协调有序、监管严格、保护有力的河湖管理保护机制，为维护河湖健康生命、实现河湖功能永续利用提供制度保障。

我国推广的"河长制"，最早源自江苏。2007 年 8 月，无锡市印发《无锡市河（湖、库、荡、氿）断面水质控制目标及考核办法（试行）》，将河流断面水质检测结果纳入各市县区党政主要负责人政绩考核内容，各市县区不按期报告或拒报、谎报水质检测结果的，按有关规定追究责任。

2008 年，江苏在太湖流域全面推行"河长制"。2008 年 6 月，包括时任省长罗志军在内的 15 位省级、厅级官员一起领到了一个新"官衔"——太湖入湖河流"河长"，他们与河流所在地的政府官员形成"双河长制"，共同负责 15 条河流的水污染防治。2008 年至 2016 年 12 月下旬，江苏省各级党政主要负责人担任的"河长"，已遍布全省 727 条骨干河道 1 212 个河段。无锡市的"河长制"这一制度，可以实现部门联动，发挥地方党委、政府的治水积极性和责任心。同时，无锡市还配套出台《无锡市治理太湖保护水源工作问责办法》，对治污不力者将实行严厉问责。"河长"们面临的压力是完不成任务就要被"一票否决"。在这个机制中，"河长制"分为四级，无锡市委、市政府主要领导分别担任主要河流的一级"河长"，有关部门的主要领导分别担任二级"河长"，相关镇的主要领导为三级"河长"，所在行政村的村干部为四级"河长"。

"铁腕治污"，"河长制"带来的效果：2011—2016 年 79 个"河长制"管理断面水质综合判定达标率基本维持在 70%以上，水质较为稳定。其中，2011 年无锡 12 个国家考核断面水质达标率 100%，主要饮用水水源地水质达标率 100%；2012 年主要饮用水水源地水质达标率 100%。

2009 年起，江苏省对 15 条重要入太湖河道，实行双河长制，每条河流分别由省政府领导和省有关厅局负责人担任省级层面的河长，地方层面的河长由河流流经的各市、县（区）政府负责人担任。

2016 年 12 月 13 日，水利部、环境保护部、发展和改革委员会、财政部、国土资源部、住建部、交通运输部、农业部、卫计委、林业局等十部委在北京召开视频会议，部署全面推行"河长制"各项工作，确保如期实现到 2018 年年底前全面建立河长制的目标任务。强化落实"河长制"，从突击式治水向制度化治水转变。加强后续监管，完善考核机制；加快建章立制，促进"河长制"体系化；狠抓截污纳管，强化源头治理，堵疏结合，标本兼治。

7.1.2　清水江流域推行河长制

为保障黔中水利枢纽工程源头水环境安全，2009 年，报请省政府批准在三岔河，即黔中水利枢纽工程源头水开展了环境保护河长制试点，涉及毕节市、六盘水市及安顺市9 个县（区）。结合试点开展并取得良好效果的情况下，2012 年 4 月，省环保厅请示省政府在乌江、清水江实施了环境保护河长制。2014 年 8 月，省政府批准在乌江（含上游的三岔河、红枫湖及乌江干流）、沅水（含清水江、潕阳河）、都柳江、牛栏江—横江（含草海）、南盘江、北盘江、红水河、赤水河八大水系重点流域开展环境保护河长制。确立分管副省长担任全省流域环境保护总河长，地方政府主要负责人担任各自辖区内主要河流的河长，按照有关规定对河长实行问责制。

"治水先治河、治河先治污、治污先治人、治人先治官。"实施流域河长制与流域水污染防治生态补偿机制，构建起独具特色的贵州管河模式。在守住"两条底线"的原则下，贵州实施总河长、市级河长、县级河长三级负责制，严格考核，对年度目标任务完成好的河长，实施环境保护项目资金支持；对年度目标任务完成不好的河长，实行评优创先一票否决，并对该地区新建项目实行"区域限批"，让河流有人管、管得好。

河长的具体任务是：

总河长：指导各"河长"开展流域环境保护，协调解决流域环境保护工作中有关问题，对年度目标任务完成不好的"市级河长"实施"约谈"。

市级河长：对本辖区内河流水环境质量负责；完成省下达的河流水环境保护年度目标和任务；组织制订并实施所负责河流年度水环境综合整治工作计划，确保计划、项目、资金和责任"四落实"；对县级河长下达流域水环境保护年度目标和任务，并对各县级河长上一年度河流环境保护目标和任务完成情况进行检查考核，将考核结果报省环保厅；协调解决河流环境保护工作中的有关矛盾和问题。

县级河长：对本辖区内河流水环境质量负责；完成市级河长下达的河流水环境保护年度目标和任务；组织制订并实施所负责河流年度水环境综合整治工作计划，确保计划、项目、资金和责任"四落实"；协调解决河流环境保护工作中的有关矛盾和问题。

河长制考核的具体奖惩措施为：对河流环境保护年度目标任务完成较好以及流域考核断面水质监测结果达到规定水质类别要求的地区的河长，实施环境保护项目资金支持；对河流环境保护年度目标任务完成不好，以及流域考核断面水质超标较重或水环境质量严重下滑的地区的河长，实行评优创先一票否决，并对该地区新建项目实行"区域限批"，同时按照有关规定进行问责。

7.2 建立清水江流域生态补偿体系

流域生态补偿是我国生态补偿制度的重要组成部分，建立流域生态补偿制度，实施中央及流域下游受益区对上游地区的补偿机制，不仅可以理顺流域上下游之间的生态关系和利益关系，而且可以加快上游地区经济社会发展并有效保护流域上游的生态环境，对实现流域水资源的可持续利用、促进经济社会的全面协调可持续发展具有重要意义[2]。

按照"谁污染谁付费、谁破坏谁补偿"的原则，贵州省人民政府在 2009 年 9 月开始试行，在上游黔南州与下游黔东南州区域间创新建立了清水江流域水污染补偿机制，从制度层面为河长制的推行提供了保障。

7.2.1 现有清水江流域生态补偿办法

选择清水江流域开展生态补偿试点，主要有两方面因素：一方面是清水江流域污染因子明确、单一，主要污染因子为总磷和氟化物，且污染来源比较清楚，主要为上游磷化工企业渣场渗漏排污；另一方面是清水江流域在贵州省境内流程较短，总长 459 km，仅流经黔南州和黔东南州，具有较强的可操作性。

现有贵州清水江流域生态补偿办法为《贵州省清水江流域水污染补偿办法》，由贵州省环境保护厅、贵州省财政厅、贵州省水利厅、中国人民银行贵阳中心支行联合制定，并由贵州省人民政府办公厅于 2010 年 12 月 19 日发布。

《清水江流域水污染防治生态补偿办法》规定，流域内的黔南州和黔东南州，上游没能交给下游合格的水体，则上游要对下游进行资金上的补偿。采取设立黔南州、黔东南州跨界断面和黔东南州出境断面水质控制目标，并规定凡黔南州和黔东南州跨界断面当月水质实测值超过控制目标的，黔南州应当缴纳相应的水污染补偿资金（以下简称补偿资金），补偿资金按 3∶7 的比例缴纳省级财政和黔东南州财政；黔东南州出境断面当月水质实测值超过控制目标的，黔东南州向省级财政缴纳补偿资金。各级财政归集的补偿资金纳入同级环境污染防治资金进行管理，专项用于清水江流域水污染防治和生态修复。其补偿标准为：总磷 3 600 元/t，氟化物 6 000 元/t。

专栏 7-1　贵州省清水江流域水污染补偿办法

为督促地方人民政府履行水污染防治职责，改善清水江流域水环境质量，根据《中华人民共和国环境保护法》和《中华人民共和国水污染防治法》的有关规定，结合我省实际，制定本办法。

一、省环境保护厅会同省水利厅、黔南自治州政府、黔东南自治州政府在清水江流域设置监测考核断面（以下简称断面）。断面水质控制目标由省环境保护厅依据有关规定确定。

二、黔南自治州政府、黔东南自治州政府应当采取有效措施削减本地区污染物排放总量，确保断面水质达到控制目标。

三、省环境保护厅负责组织断面的水质监测，并实施统一监督管理；省水利厅负责组织断面的水量监测。

四、实施自动监测的断面，水质实测值为经省环境保护厅核准的自动监测数据的月平均值。未实施自动监测的断面，水质由省环境监测机构组织黔南自治州、黔东南自治州环境监测机构实施人工监测，每月监测 2 次，平均值为该断面当月水质实测值。具体监测办法由省环境保护厅制定。

五、实施自动监测的断面，水量实测值为经省水利厅核准的自动监测数据的月平均值。未实施自动监测的断面，水量由省水文水资源勘测机构组织黔南自治州、黔东南自治州水文水资源勘测机构实施人工监测，并根据河道水文特征，确定监测频次，取平均值作为该断面当月水量实测值。

六、省水利厅于每季度第一个月 10 日前将上一季度各断面水量逐月实测值汇总核准后，通报省环境保护厅。省环境保护厅于每季度第一个月 15 日前将核准后的上一季度逐月各断面水质、水量监测结果通报黔南自治州政府、黔东南自治州政府。

七、黔南自治州、黔东南自治州交界断面水质实测值如超过控制目标，黔南自治州应当向省级财政和黔东南州财政缴纳水污染补偿资金（以下简称补偿资金），补偿资金由省级财政和黔东南州财政按 3：7 的比例分配。黔东南自治州出境断面水质实测值如超过控制目标，黔东南自治州应当向省级财政缴纳补偿资金。

八、按照我省水污染防治的要求和治理成本，清水江流域水污染补偿因子及标准为：总磷 3 600 元/t，氟化物 6 000 元/t。单因子补偿资金 = ∑（断面水质实测值-断面水质目标值）×月断面水量×补偿标准补偿资金为各单因子补偿资金之和。黔南自治州按年度超标污染物累计总量计算补偿资金，黔东南自治州按年度超标污染物累计增量计算补偿资金。

九、省环境保护厅应当在每年 1 月 15 日前，将核定的上一年度各断面应缴纳补偿资金数额通报省财政厅和黔南自治州政府、黔东南自治州政府。有关地方政府应在收到通报后 10 个工作日内缴纳补偿资金。逾期不缴纳的，省财政厅将通过预算扣款方式如数扣回。

十、补偿资金纳入同级环保专项资金进行管理，专项用于清水江流域水污染防治和生态修复，不得挪作他用。考核断面水质、水量的人工监测费用及自动监测站运行管理费用从省级财政收缴的补偿资金列支。

十一、断面水质达到控制目标的，省级财政可给予有关地方政府一定补助资金。具体补助办法由省财政厅另行制定。

十二、本办法自 2011 年 1 月 1 日起施行，《省人民政府办公厅关于转发省环境保护厅等部门和单位贵州省清水江流域水污染补偿办法（试行）的通知》（黔府办发〔2009〕68 号）同时废止。

7.2.2　现有生态补偿办法执行中存在的问题

多年来，为保障各流域生态环境安全、保证流域水资源的可持续利用，大多数流域上游地区都投入了大量的人力、物力和财力进行生态建设和环境保护。

在我国大多数河流的上游地区往往是经济相对贫困、生态相对脆弱的区域，很难独自承担建设和保护流域生态环境的重任，同时这些地区摆脱贫困的需求又十分强烈，导致流域上游地区经济发展与保护流域生态环境的矛盾十分突出，如何协调好这种关系，就需要下游受益区和政府部门来帮助流域上游区分担生态建设的重任。因此，建立流域生态补偿机制，理顺流域上下游之间的生态关系和利益关系，加快上游地区经济社会发展并有效保护流域上游的生态环境，从而促进流域的社会经济可持续发展，但是形成一套可广泛适用的流域生态补偿机制还需要不断解决实践中存在的各种问题。

清水江流域生态补偿办法执行过程中存在的主要问题有：

（1）现有流域生态补偿的途径比较单一。目前，国内流域生态补偿的主要途径有以下几种：一是传统的政府主导财政转移支付方式，二是市场化补偿方式，三是各界自愿捐赠的社会补偿方式[3]。我国流域生态补偿机制的发展主要受政府行政能力的推动，政府在大多数情况下直接参与到生态补偿机制中来，市场机制仅在个别地区有所尝试[4]。

　　现阶段清水江流域生态补偿途径主要为第一种，补偿方式限于政府途径，主要是依靠政府财政转移支付，生态补偿的市场化方式尚未开展。这种主要依靠政府财政转移资金进行补偿的模式未充分发挥市场机制作用的流域生态补偿模式，从环保信息角度来看，政府很难有效确定流域生态环境资源相对于人类需求的稀缺程度，信息收集的成本也非常昂贵，并且存在一定的滞后性。所以，往往会导致生态补偿目标不明确，造成流域资源的利用者和受益者免费享受"流域公共产品"而不用承担相应的费用，不利于实现流域资源利用的生态正义[5]。因此，只有充分采取政府、市场、社会三方相结合的模式，实现流域生态补偿资金来源的多样化，才能弥补财政补偿资金不足，满足流域生态保护地居民生存和生产发展的需要，促进清水江流域生态环境保护区域的良性循环，协调发展。

　　（2）缺少一套流域生态补偿标准体系。流域生态补偿是生态补偿的一个重要组成部分，是指按照"谁开发，谁保护；谁受益，谁补偿"的原则，由造成水生态破坏或由此对其他利益造成损害的责任主体承担恢复责任或补偿责任；由水生态效益的受益主体，对水生态保护主体所投入的成本按受益比例进行分担；对难以明确界定受益主体的公益性生态保护成本，则由政府通过公共财政予以补偿[6]。流域水生态补偿的受益者应该是流域水生态的保护者或流域水生态服务的提供者，以及流域水生态破坏的受害者；流域水生态补偿的支付者应该是流域水生态服务的受益者和流域水生态的破坏者[7]。

　　就流域水环境质量标准而言，进行流域生态补偿，必然要讨论上下游、左右岸间的关系问题。一方面，上游地区多为经济欠发达且生态系统较脆弱的区域，这些地区为了保护流域生态环境做出了巨大的贡献，但同时也面临资金短缺、生态恶化的困境，因此下游或其他从流域生态系统提供的服务中受益的区域应当给予上游地区一定的补偿。另一方面，上游地区应当把生态补偿金主要用于对贡献者做出补偿和对流域生态环境的治理。流域上游地区必须保证水体质量，不能因此使下游地区受到危害，如果上游地区不能提供达标的水质，就应当对中下游地区提供补偿。现有清水江流域生态补偿方式仅限于上游地区的水质不达标，此时，就应该对下游地区做出一定经济补偿，而忽视了上游地区在改善水环境质量的时候给予一定经济补偿。

　　（3）缺少一套适合流域生态补偿的管理体系。我国是开展流域管理比较早的国家，对我国的水资源管理的保护、开发和利用发挥了一定的作用，但效果却不尽如人意。原因在于：现有的流域管理机构职能管理政策法规不健全，管理手段不完善，管理体制不顺、缺乏履行职能所必需的自主管理权、经济实力、制约手段和流域水资源统一管理、有效监测的机制，以及充分的信息沟通渠道，使流域管理机构的地位虚化；流域管理与区域管理、行业管理与统一管理的关系没有理顺，职责权限交叉不清，矛盾重重。流域水行政管理机构和水资源保护机构并存，水资源的量与质两个方面的管理被人为分割；流域内大型供水及引水工程分属不同地区和部门管理，尚未形成流域统一管理和区域管理相结合的管理体制，利益相关方参与不足，用水户之间缺乏横向联系，没有形成权威的流域协商决策和协调议事的机制，公众权益得不到保障。

目前流域水资源竞相开发、分散管理的问题较为严重，流域机构缺乏强有力的约束机制和管理手段，难以对流域水资源的开发利用实行有效的监督管理，不能对全流域水资源实施全方位的统一管理，也没有将水资源的管理纳入到流域经济社会的发展之中。

清水江流域补偿需要环保、水利、城管等部门要在清水江流域治理上互相沟通、密切合作，并在已有成果的基础上，继续加强流域治理。关停清水江流域直接排放的工业企业，及时处理河道上的垃圾等对河道有污染的物质。严格执法，加大处罚力度和责任追究工作力度。加之《贵州省清水江流域水污染补偿办法》第三条规定，"省环境保护厅负责组织断面的水质监测，并实施统一监督管理；省水利厅负责组织断面的水量监测"。水质监测布点与水文监测布点一般并非完全相同，与生态补偿机制建设需求存在较大差距。强化环境监测能力建设，进一步加大环境监测力度。加强水质自动监测能力建设，确保流域水质水量实时监控，准确、科学合理。

（4）缺少流域生态补偿法律制度保障。流域生态补偿与环境法学、生态学和经济学等学科具有密切的联系，流域生态补偿制度的有效实施必然要借助于法律制度做保障措施。2008年新修订的《中华人民共和国水污染防治法》第五条规定，"国家实行水环境保护目标责任制和考核评价制度，将水环境保护目标完成情况作为对地方人民政府及其负责人考核评价的内容"。2009年国务院发布的《重点流域水污染防治专项规划实施情况考核暂行办法》（国办发〔2009〕38号）中就规定"如果未达到水环境保护目标，那就不是补偿的问题，而是应当追究地方政府首长政治或法律责任"。2014年新修订的《中华人民共和国环境保护法》第三十一条规定，"国家建立、健全生态保护补偿制度"。2015年新制订的《黔东南苗族侗族自治州生态环境保护条例》第十三条规定，"自治州人民政府应当建立水资源开发生态补偿机制，生态补偿资金专项用于水资源的节约、保护和管理工作"。目前正在准备制订的《贵州省水污染防治条例》，省人大环资委主任杨宏民率领的立法调研组，到贵阳市生态文明委开展调研过程，与会人员就实际工作中存在的问题和困难向立法调研组提出建议，建议《贵州省水污染防治条例》建立水源保护区生态补偿机制；严格水污染的法律责任追究。

但目前生态补偿制度还很不完善，2010 年 4 月就开始启动的《生态补偿条例》立法工作至今尚无显著进展，在流域生态补偿立法目前尚未见到哪个地区制订。所以，建议尽快出台清水江流域生态补偿的专项法律制度，明确责任主体，保障流域生态补偿得到有效落实。

7.2.3　清水江流域生态补偿建议

（1）加快市场化流域生态补偿，扩宽流域生态补偿途径。目前，我国生态补偿方式主要以政府补偿为主，市场补偿为辅。政府补偿模式存在两个方面的不足：一方面，生态环境恢复需要大量的成本和时间，仅靠政府补偿会加剧地方政府的财政负担，影响地区经济发展速度；另一方面，政府补偿的模式不符合公平的模式，无法体现"谁开发、谁保护，谁破坏、谁恢复，谁受益、谁补偿，谁污染、谁付费"的原则。市场补偿相对于政府补偿来说是一种激励式的补偿制度，是通过市场的调节使生态环境的外部性内部化，相对于政府补偿模式来说，成本低、资源配置效率高，能较好地体现公平原则[7]。

贵州省人民政府对《清水江流域水环境保护规划（2015—2020 年）》进行了批复，主要包括工业污染治理、城镇生活污水和垃圾处理设施建设、饮用水水源环境保护、畜禽养殖污染治理、区域水环境污染整治、环境监管能力建设等七大类项目，共计 465 个，总投资估算 49 亿元。批复要求，清水江水环境保护规划实施应紧紧围绕生态文明建设总体要求，以改善流域水环境质量、维护人民群众身体健康为目标，综合运用工程、技术、生态的方法，实施流域水污染综合防治，促进流域经济社会可持续发展。

建议清水江流域积极探索流域水权交易、排污权交易、碳汇交易等市场化补偿方式，完善水资源合理配置和有偿使用制度，加快建立水资源取用权出让和租赁的交易机制，改变水资源费统一征收标准，提高水资源费征收标准，实行优质优价，按照不同的水资源用途和不同水质，制定不同的水资源费征收标准，提高水资源费的征收效率[3]。

（2）建立流域生态补偿标准，确保流域生态补偿公平。按照《贵州省赤水河流域水污染生态补偿管理办法》规定，特征污染物总磷补偿标准为 10 000 元/t，而《贵州省清水江流域水污染补偿办法》规定，特征污染物总磷补偿标准为 3 600 元/t，地区差异较大，没有一个统一的标准。生态补偿政策的根本目的是调节生态保护背后相关利益者的经济利益关系，对于一个涉及众多利益相关者的政策，要保证公平和合理，就必须让利益相关各方公平参与[6]。

现阶段我国生态文明制度众多，有引导型的，有鼓励性的，也有强制性的，维护流域生态补偿的公平性，提高政策的实施效果。建议借鉴其他省份在流域水资源生态补偿好的做法和经验，对水质水量控制目标补偿标准做出一定明确规定，减少因分配资金相差悬殊，不能准确反映实际的生态环境保护、污染治理方面问题，不利于充分调动上下游环境保护的工作积极性，导致考核补偿的严谨性、科学性不够强。

（3）加强流域监测能力建设，确保监测数据准确有效。流域生态补偿的资金额度主要根据水质和水量，通过水权交易由补偿方和受偿方协商进行确定，并可根据物价指数的变化情况进行动态调整[9]。

清水江流域生态补偿机制的实施需要跨行政区交界断面水质与水量监测数据以及水源地水质水文数据作为支撑，目前清水江干流与支流水质监测尚未实现实时自动监测。建议由清水江流域生态补偿联席会议统一协调流域交界水质监测断面与水量监测断面布设，尽量实现两类监测断面的基本重合，并搭建流域跨界断面水质、水量监测数据实时共享数据平台，为生态补偿金核定提供依据。同时，可以在清水江流域试行跨县域流域生态补偿模式，增加断面水质水量监测数据的准确性，细化污染物责任，确保流域生态补偿科学、合理、持续开展。

（4）加快流域生态补偿立法，确保流域补偿有效实施。目前，我国关于流域生态补偿的立法不规范。一方面，各项法规散见于一系列的政策文件中，比如《中华人民共和国水污染防治法》《中华人民共和国水法》《中华人民共和国水土保持法》等对其都有所涉及，但又都不够具体，缺少专门的立法体系。另一方面，法规都不具体，技术性不强，无法广泛地投入到实践中，如国家对如何确定生态补偿标准并没有给出统一的测度方法，相应的理论体系并不健全，这也是导致流域生态补偿机制停于表面，没有推开的重要原因。因此，加快流域生态补偿立法的进程对于生态补偿制度有着重要的意义[8]。

流域生态补偿的立法已成为当务之急，2010 年，国家发展和改革委员会正式启动了《生态补偿条例》的立法工作，一部全国性的生态补偿立法将统领全国各地、各流域的生态补偿实践，而流域生态补偿是一个重要组成部分，将为全国范围的流域生态补偿实践提供指南和依据。急需将补偿范围、对象、方式、标准等以法律形式确立下来。建议贵州清水江流域尽快出台《贵州清水江流域生态补偿条例》，对流域生态环境监测和保护、跨界流域生态补偿处理等做出明确的规定，促进流域生态补偿工作走上法制化、规范化，使得流域生态保护有法可依。

7.3 清水江流域可持续管理的建议

7.3.1 规划先行

清水江流域应以生态文明建设为契机，以在发展中保护、在保护中发展为基本原则，以改善流域环境质量，保障沿岸居民生产、生活用水安全为目标，以流域和行政区域为单元，以出境断面主要污染指标浓度不增加为考核标准，以污染物总量削减和控制为抓手，以规划项目为依托，以政策措施为保障，综合运用工程、技术、生态等方法，定期编制清水江流域水污染防治和生态环境保护规划，促进流域经济社会的可持续发展。

7.3.2 持续推进成功的管理经验

治理与管理并重，修复和补偿同行。2014 年来，贵州省在赤水河、乌江、清水江流域开展流域生态文明制度改革，创下环境保护河长制、生态补偿等一批可复制、可推广的生态文明制度成果，以及形成"党政统筹、部门联动、齐抓共管、社会参与"的水环境保护大格局，在水生态保护与恢复上双管齐下，形成独具特色的贵州管水模式。

监测数据显示，2015 年，贵州全省主要河流水质良好，纳入监测的 44 条河流 85 个监测断面中，76 个监测断面达到Ⅲ类及以上水质类别，比上年上升 8.2 个百分点；监测的湖（库）中 80%达到Ⅲ类及以上水质类别，比上年上升 16 个百分点；14 个出境断面全部达到Ⅲ类及以上水质类别，比上年上升 14.3 个百分点。

7.3.3 强化流域污染防治力度

加强敏感水域环境综合整治和配套设施建设。以流域水质安全为核心，以饮用水水源地为重点，兼顾国家级旅游区等具有重要生态服务功能的敏感水域，实施有关治理与保护措施。加强清水江流域的环境管理和水质监测，依法治水，严格执行《中华人民共和国水法》《中华人民共和国水污染防治法》，对于企业所造成的水资源浪费，水土流失及水体污染要给予相应的惩罚。同时，重点加强对饮用水水源地的管理和保护，加强水源地检查，依法取缔水源地保护区内散养放牧、破坏植被、开设"农家乐"等作业活动。

提高工业企业污染治理水平。严格实行建设项目环境准入制度，积极推行企业清洁生产审核，对新建项目严格执行环境影响评价和"三同时"制度，严格执行环境准入规定，不得新上和采用国家明令禁止的工艺和设备，暂停审批总量超标地区的新增污染物排放建设项目。强化磷化工集中区及工业园区废水治理及再生利用，逐步推进循环经济园区建设，鼓励企业在稳定达标排放基础上集中建设污水深度处理设施，并努力提高再生水重复利用率，各工业园区必须按照相关要求建设和完善各园区工业废水及生活污水处理设施。加快行业技术升级改造，淘汰落后工艺，严格实行污染排放物总量控制、限期治理和淘汰制度。推进特征性污染区域综合治理，加强重点污染源监控，积极推进区域性总磷、氟化物污染综合治理；积极推进区域性历史遗留重金属污染综合治理，重点开展重点污染区域生态修复试点工程。

强化城镇生活污水处理及配套设施建设。提高现有污水处理厂配套管网覆盖范围和提升污水处理能力，继续开展污水处理厂提标升级改造和填平补齐工作，完善现有县城污水收集管网设施，提高污水收集率；新建市（县）污水处理厂，且尾水排入封闭或半封闭水体，或现已营养化或者存在营养化威胁的水域的，须选用具有强化除磷脱氮功能的处理工艺，出水水质执行《城镇污水处理厂污染物排放标准》（GB 18918—2002）一级 A 标准。加快小城镇污水处理设施建设，优先考虑水源地保护区、沿河流上游城镇、国家级保护区和风景名胜区、常住人口 2 万人以上的建制镇、城镇饮用水水源地取水点上游 3 km 以内的建制镇、非重点流域内重点镇污水处理工程的建设。强化污泥的安全处置，现有污水处理厂改造和新建污水处理厂应统筹污泥处理处置设施的配套建设，按照"减量化、无害化、稳定化"的原则，选择适当的污泥处理处置方式，加大污泥资源化和综合利用力度。

　　加强规模化畜禽、水产养殖污染防治。严格按照当地政府划定的清水江流域畜禽养殖分区规定，严格控制畜禽养殖规模和数量，优化养殖场布局，推行养殖园区化、规模化、生态化，解决督促禁养区内的规模化畜禽养殖场搬迁。强化新增污染源控制，严格执行新建项目环境准入规定。提高畜禽粪便处理与资源利用效率，制定相应的配套政策，鼓励和扶持养殖户对畜禽粪便进行综合利用。积极推进种植—畜禽养殖—沼气利用—渔业养殖—种植四位一体的循环经济养殖模式。积极推进清水江干流水库（三板溪水库、白市水库）水产禁养、限养区域划定工作，科学划分禁养区、控养区和可养区，优化养殖区布局；加强流域内湖库的水产养殖管理，根据水环境容量合理确定水产养殖规模，严格控制网箱养殖面积。因地制宜治理农业面源污染。预防磷、氮等营养性污染物对清水江流域个别河段、湖库造成富营养化，建议增加支流监测点和监测项目，监控并预警水体水质状况。

　　建议政府部门协助企业开拓磷石膏综合利用产品的销售途径，推动磷石膏的综合利用，实施磷石膏的减量化，彻底消除磷石膏堆存的污染隐患、消除清水江流域最大的磷污染源。

　　加强企业生产管理和环境管理，规范企业原材料、中间产品、产品堆存场所，严格控制装卸与运输过程撒漏产生的二次污染，禁止有毒有害工业废渣乱倒乱堆，防止工厂生产区雨、污水处理设施溢漏，以减少无组织污水排放。

7.3.4　公众参与流域管理

　　建议成立公众参与清水江流域点（面）污染源风险管理小组，组织政府、企业、公众三方力量开展协商，引导并支持公众参与流域点（面）污染源风险管理；建立专家库，为清水江流域点（面）污染源风险管理小组在不同活动时提供专家支持；环境保护部门设立举报电话、电子邮箱、微信、微博等，接受公众对流域内环境违法行为的举报和投诉；对主动公开环境信息的企业，环境保护部门依照有关规定优先安排环境保护专项资金补助等。

参考文献

[1] 中共中央办公厅 国务院办公厅印发《关于全面推行河长制的意见》[R/OL].（2016-12-11）. http：//www.gov.cn/xinwen/2016-12/11/content_5146628.htm？allContent.

[2] 赵春光. 流域生态补偿制度的理论基础[J]. 法学论坛，2008，23（4）：90-96.

[3] 麻智辉，李小玉. 流域生态补偿的难点与途径[J]. 福州大学学报（哲学社会科学版），2012，26（6）：63-68.

[4] 王金南，庄国泰. 生态补偿机制与政策设计国际研讨会论文集[C]. 北京：中国环境科学出版社，2006：13-24.

[5] 鲁士霞. 流域生态补偿制度初探[J]. 法制与社会，2009，12（下）：62-63.

[6] 许丽丽. 汉江流域生态补偿探析[J]. 安徽农业科学，2009，37（28）：13905-13906，13909.

[7] 姚艺伟，韩戍. 流域生态补偿机制研究[J]. 现代商贸工业，2008，20（3）：42-43.

[8] 强朦朦，池千琳，陆涛. 我国流域生态补偿制度探析[J]. 消费导刊，2015：207-209.

[9] 贾若祥，张燕，申现杰. 关于流域生态补偿的思考[J]. 中国经贸导刊，2014，8（下）：48-50.

[10] 李开明，蔡美芳. 流域重点水污染源环境管理理论与方法[M]. 北京：中国环境出版社，2013.

附录 1　野外采集照片掠影

附录 2　野外验证照片

N 26°42′24.41″　E 107°33′02.98″
灌木林地（陆坪）

N 26°35′03.98″　E 107°57′47.01″
建筑用地（凯里市内）

N 26°46′19.47″　E 107°52′30.41″
草地（重安江大桥附近）

N 26°43′05.72″　E 107°54′51.72″
未利用地（裸岩—滑坡产生的碎石）

N 26°43′34.73″　E 108°00′40.32″
草地（湾水—旁海途中）

N 26°40′33.51″　E 108°10′00.05″
河边滩涂（台盘）

N 27°46′52.43″　E 105°10′04.03″
有林地（台江）

N 28°48′35.58″　E 105°50′14.62″
水域

N 26°58′06.43″　E 108°38′55.31″
水田（天柱）

N 26°29′22.87″　E 108°31′54.78″
有林地（太拥）

N 26°29′27.94″　E 109°00′28.34″
坡耕地（巴洋—巴寿）

N 26°38′08.08″　E 109°08′55.61″
卦治水葫芦

附录3 "源—汇"景观的洛伦兹曲线模拟

以巴拉河子流域为例

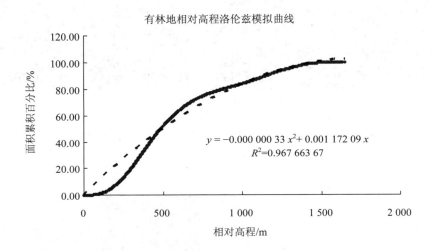

有林地相对高程洛伦兹模拟曲线

$$y = -0.000\ 000\ 33\ x^2 + 0.001\ 172\ 09\ x$$
$$R^2 = 0.967\ 663\ 67$$

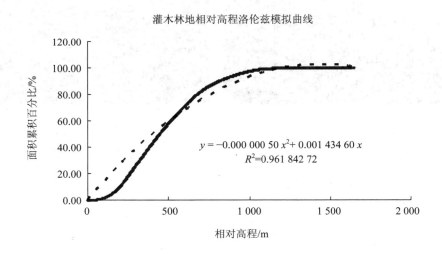

灌木林地相对高程洛伦兹模拟曲线

$$y = -0.000\ 000\ 50\ x^2 + 0.001\ 434\ 60\ x$$
$$R^2 = 0.961\ 842\ 72$$

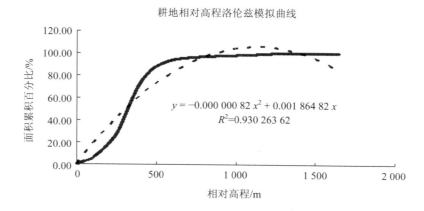

耕地相对高程洛伦兹模拟曲线

$$y = -0.000\ 000\ 82\ x^2 + 0.001\ 864\ 82\ x$$
$$R^2 = 0.930\ 263\ 62$$

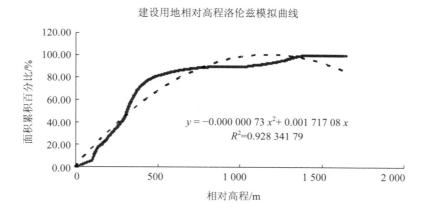

建设用地相对高程洛伦兹模拟曲线

$$y = -0.000\ 000\ 73\ x^2 + 0.001\ 717\ 08\ x$$
$$R^2 = 0.928\ 341\ 79$$

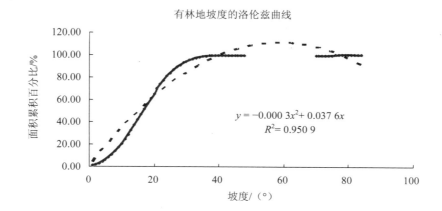

有林地坡度的洛伦兹曲线

$$y = -0.000\ 3x^2 + 0.037\ 6x$$
$$R^2 = 0.950\ 9$$

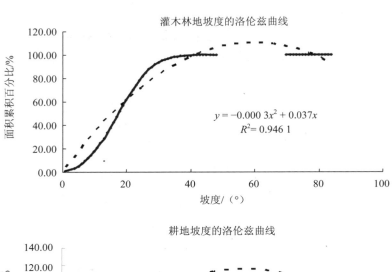

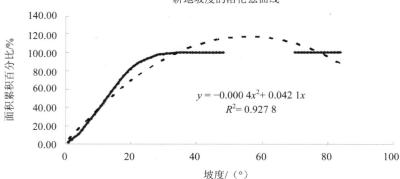

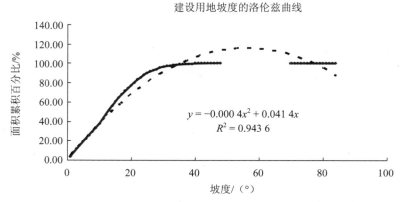

注：图中黑色虚线为模拟曲线。